中国热带亚热带特色果树种质资源丛书
"十四五"国家重点出版物出版规划项目

优稀果树种质资源

Germplasm Resources of Superior and Rare Fruit

赵志常 高爱平 罗睿雄 —— 主编

广东科技出版社
全国优秀出版社

· 广 州 ·

图书在版编目（CIP）数据

优稀果树种质资源 / 赵志常，高爱平，罗睿雄主编. -- 广州：广东科技出版社，2024.11. -- （中国热带亚热带特色果树种质资源丛书）. ISBN 978-7-5359-8392-3

Ⅰ. S660.2

中国国家版本馆CIP数据核字第2024CS1264号

优稀果树种质资源
Youxi Guoshu Zhongzhi Ziyuan

出 版 人：	严奉强
责任编辑：	尉义明　谢绮彤　赵书兰
装帧设计：	柳国雄
责任校对：	李云柯　廖婷婷
责任印制：	彭海波
出版发行：	广东科技出版社
	（广州市环市东路水荫路11号　邮政编码：510075）
销售热线：	020-37607413
	https://www.gdstp.com.cn
E-mail：	gdkjbw@nfcb.com.cn
经　　销：	广东新华发行集团股份有限公司
排　　版：	创溢文化
印　　刷：	广州市彩源印刷有限公司
	（广州市黄埔区百合三路8号 邮政编码：510700）
规　　格：	889 mm×1 194 mm　1/16　印张10.5　字数280千
版　　次：	2024年11月第1版
	2024年11月第1次印刷
定　　价：	160.00元

如发现因印装质量问题影响阅读，请与广东科技出版社印制室联系调换（电话：020-37607272）。

《优稀果树种质资源》编委会

主　　编：赵志常　高爱平　罗睿雄
副主编：刘利玲　张　宇　赵坤坤　陈　泽　朱学亮
参　　编：俞凯莉　熊　娟　庞雅丽　黄璐瑶　王　健
　　　　　高兆银　苗红霞　孙佩光　贺军虎　栾爱萍
　　　　　吴秀兰　王光瑛　李后红　陈卓立　陈文雄
　　　　　王　好　喻华平

前 言
Foreword

热带、亚热带果树是指适宜在热带、亚热带气候条件下生长，并且其果实可以作为水果食用或用于后期加工的树木。常见的热带、亚热带果树有柑橘、香蕉、荔枝、龙眼、芒果、椰子、杨桃、火龙果、番石榴、番木瓜等，其中一些比较珍贵或栽培较少的品种或资源又可以称为优稀果树。广义上的优稀果树既包含珍贵或栽培较少的树种，也包含了一些常见栽培果树中的珍贵或少量栽培的品种或资源。原产我国的热带、亚热带果树的树种较少，其中大部分树种主要分布于国外，加大国外资源的引进是丰富我国优稀果树资源的一个主要的途径，同时，也应该进一步加强引进资源的消化、吸收与利用工作。一方面，对适合生产上推广的树种资源或品种，在不侵犯知识产权的情况下，加大推广；另一方面，对需要改进的树种资源或品种，加强研究，运用杂交育种、分子生物育种等方法进行改良，育成适合生产推广的品种，以丰富我国的水果多样性。

本书主要介绍了我国近些年的主要优稀果树品种或树种，也包含了部分野生果树树种。涉及物种128种，每种物种介绍了中文名、拉丁学名、生物学特征等，全书图文并茂，可供果树研究的科研院所、高校等师生参考使用。

本书在编写过程中得到了华南农业大学园艺学院、中国热带农业科学院热带生物技术研究所、南亚热带作物研究所及热带作物品种资源研究所等单位的领导和专家的大力支持，在此表示衷心的感谢和崇高的敬意。

由于编写水平有限，以及成稿时间仓促、大部分植物原产于国外、参考文献有限等原因，书中难免有不足之处，敬请广大读者批评指正、提供宝贵意见和建议，以便作者及时修正。

编 者

2024年2月

目 录
Contents

一、芸香科 Rutaceae ... 002
1. 澳洲指橙 *Microcitrus australasica*（F. Muell.）Swingle ... 002
2. 山小橘 *Glycosmis pentaphylla*（Retz.）Corrêa ... 004
3. 冰淇淋果 *Casimiroa edulis* La Llave in La Llave & Lex. ... 005
4. 紫肉黄皮 *Clausena lansium*（Lour.）Skeels ... 006
5. 假黄皮 *Clausena excavata* N. L. Burman ... 007
6. 香水柠檬 *Citrus × limon* 'Rosso' ... 008
7. 脆蜜金柑 *Citrus japonica* Thunb. ... 010
8. 山黄皮 *Clausena anisum-olens*（Blanco）Merr. ... 011
9. 花叶橙 *Citrus sinensis*（L.）Osbeck ... 012
10. 山油柑 *Acronychia pedunculata*（L.）Miq. ... 013

二、无患子科 Sapindaceae ... 014
1. 红皮龙眼 *Dimocarpus longan* 'Red Ruby' ... 014
2. 海南韶子 *Nephelium topengii*（Merr.）H. S. Lo ... 015
3. 红毛丹 *Nephelium lappaceum* L. ... 016
4. 阿基果 *Blighia sapida* K. D. Koenig ... 017

三、桃金娘科 Myrtaceae ... 019
1. 桃金娘 *Rhodomyrtus tomentosa*（Aiton）Hassk. ... 019
2. 蒲桃 *Syzygium jambos*（L.）Alston ... 021
3. 马来蒲桃 *Syzygium malaccense*（L.）Merr. & L. M. Perry ... 022
4. 迷你番石榴 *Psidium guajava* 'Odorata' ... 023
5. 柠檬番石榴 *Psidium cattleianum* var. *littorale*（O. Berg）Fosberg ... 024

6. 草莓番石榴 *Psidium cattleianum* Sabine ···································· 025
7. 紫果番石榴 *Psidium guajava* L. ·· 026
8. 巴西红果 *Eugenia uniflora* L. ··· 027
9. 长果番樱桃 *Eugenia aggregata* Baker ······································· 028
10. 巴西樱桃 *Eugenia brasiliensis* Lam. ·· 029
11. 黑嘴蒲桃 *Syzygium bullockii*（Hance）Merr. & L. M. Perry ············· 030
12. 费约果 *Acca sellowiana*（O. Berg）Burret ································· 032
13. 黑糖芭比莲雾 *Eugenia javanica* Lam. ······································ 033
14. 嘉宝果 *Plinia cauliflora*（Mart.）Kausel ··································· 034
15. 海南蒲桃 *Syzygium hainanense* Chang et Miau ··························· 035
16. 四季红樱桃 *Eugenia observa* Blume ·· 036
17. 雪松湾樱桃 *Eugenia reinwardtiana*（Blume）A. Cunn. ex DC. ············ 037
18. 绿蜜果 *Campomanesia guazumifolia-sete* Capotes ························· 038

四、杜英科 Elaeocarpaceae ·· 039
文定果 *Muntingia calabura* L. ·· 039

五、山榄科 Sapotaceae ··· 040
1. 妈咪果 *Calocarpum sapota*（Jacq.）Merr. ·································· 040
2. 人心果 *Manilkara zapota*（L.）van Royen ·································· 042
3. 蛋黄果 *Pouteria campechiana*（Kunth）Baehni ····························· 044
4. 神秘果 *Synsepalum dulcificum* Daniell ······································ 045
5. 黄晶果 *Pouteria caimito*（Ruiz & Pav.）Radlk. ····························· 046
6. 金星果 *Chrysophyllum cainito* L. ·· 047
7. 绿柿 *Pouteria viridis*（Pittier）Cronquist ··································· 048

六、木棉科 Bombacaceae ·· 049
榴莲 *Durio zibethinus* Murray ·· 049

七、木通科 Lardizabalaceae ··· 050
八月瓜 *Holboellia latifolia* Wall. ··· 050

八、漆树科 Anacardiaceae ··· 052
1. 太平洋橄榄 *Spondias dulcis* G. Forst. ······································· 052
2. 枇杷芒 *Bouea macrophylla* Griff. ··· 053
3. 腰果 *Anacardium occidentale* L. ·· 054
4. 侯购谍 *Spondias purpurea* L. ··· 055

九、金虎尾科 Malpighiaceae ··· 056
1. 西印度樱桃 *Malpighia glabra* L. ·· 056

2. 花生奶油果 *Bunchosia armeniaca* DC. ··· 057

十、大戟科 Euphorbiaceae ··· 058
余甘子 *Phyllanthus emblica* L. ··· 058

十一、豆科 Fabaceae或Leguminosae ··· 060
1. 酸豆 *Tamarindus indica* L. ·· 060
2. 冰淇淋豆 *Inga edulis* Mart. ·· 061
3. 天鹅绒罗望子 *Dialium indum* L. ·· 062

十二、大风子科 Flacourtiaceae ··· 063
锡兰莓 *Dovyalis hebecarpa*（Gardn.）Warb. ·· 063

十三、桑科 Moraceae ··· 064
1. 鹊肾树 *Streblus asper* Lour. ··· 064
2. 长果桑 *Morus macroura* 'Long Fruit' ··· 065
3. 香金葚 *Morus macroura* 'Shahtoot' ·· 066
4. 波罗蜜 *Artocarpus heterophyllus* Lam. ··· 067
5. 榴莲蜜 *Artocarpus integer*（Thunb.）Merr. ····································· 068
6. 面包果 *Artocarpus altilis*（Parkinson）Fosberg ······························· 069
7. 木瓜榕 *Ficus auriculata* Lour. ·· 070
8. 薜荔果 *Ficus pumila* L. ·· 071
9. 沙巴果 *Artocarpus odoratissimus* Blanco ··· 072

十四、茄科 Solanaceae ·· 073
1. 树番茄 *Cyphomandra betacea*（Cav.）Sendtn. ································ 073
2. 可可纳果 *Solanum sessiliflorum* Dunal. ··· 074

十五、西番莲科 Passifloraceae ··· 076
1. 鸡蛋果 *Passiflora edulis* Sims ·· 076
2. 龙珠果 *Passiflora foetida* L. ··· 078
3. 热情果 *Herba Passiflorae* Coeruleae ··· 079
4. 大果西番莲 *Passiflora quadrangularis* L. ·· 080
5. 香蕉百香果 *Passiflora tarminiana* Coppens & V. E. Barney ············· 081

十六、番荔枝科 Annonaceae ·· 082
1. 光叶番荔枝 *Annona glabra* L. ·· 082
2. 刺果番荔枝 *Annona muricata* L. ·· 084
3. 山刺番荔枝 *Annona montana* Macfad. ·· 085
4. 牛心番荔枝 *Annona reticulata* L. ··· 086

5. 大花紫玉盘 *Uvaria grandiflora* Roxb. ·· 087
6. 黄龙释迦 *Annona salzmannii* A. DC. ·· 088
7. 红皮释迦 *Annona squamosa* L. ·· 089
8. 泡泡果 *Asimina triloba*（L.）Dunal ·· 090
9. 香波果 *Stelechocarpus burahol*（Blume）Hook. f. & Thomson ·· 091

十七、酢浆草科 Oxalidaceae ··· 092
1. 木胡瓜 *Averrhoa bilimbi* L. ··· 092
2. 杨桃 *Averrhoa carambola* L. ··· 093

十八、棕榈科 Arecaceae ·· 095
1. 蛇皮果 *Salacca zalacca*（Gaertn.）Voss ·· 095
2. 椰枣 *Phoenix dactylifera* L. ·· 096
3. 金椰 *Dictyosperma album*（Bory）Scheff. ··· 097

十九、杨柳科 Salicaceae ··· 098
刺篱木 *Flacourtia indica*（Burm. f.）Merr. ··· 098

二十、叶下珠科 Phyllanthaceae ·· 100
1. 木奶果 *Baccaurea ramiflora* Lour. ·· 100
2. 西印度醋栗 *Phyllanthus acidus*（L.）Skeel ·· 101

二十一、胡颓子科 Elaeagnaceae ··· 103
羊奶果 *Elatagnus conteta* Roxb. ·· 103

二十二、柿科 Ebenaceae ··· 105
1. 黑柿 *Diospyros nitida* Merr. ·· 105
2. 法国柿 *Diospyros strigosa* Hemsl. ·· 106
3. 法国香柿 *Diospyros decandra* Lour. ·· 107

二十三、凤梨科 Bromeliaceae ·· 108
红皮菠萝 *Ananas comosus*（L.）Merr. ··· 108

二十四、芭蕉科 Musaceae ··· 110
红皮香蕉 *Musa nana* Lour. ··· 110

二十五、藤黄科 Guttiferae ·· 111
1. 岭南山竹子 *Garcinia oblongifolia* Champ. ex Benth. ··· 111
2. 多花山竹子 *Garcinia multiflora* Champ. ex Benth. ·· 112
3. 阿恰恰山竹 *Garcinia humilis*（Vahl）C. D. Adams ··· 113
4. 非洲曼密苹果 *Garcinia golaensis* Hutch. & Dalziel ··· 114

5. 阿库蜜山竹 *Garcinia acuminata* Planch. & Triana ……………………………………………… 115
6. 墨西哥山竹 *Garcinia intermedia*（Pittier）Hammel ……………………………………… 116

二十六、樟科 Lauraceae ……………………………………………………………………… 118
油梨 *Persea americana* Mill. ………………………………………………………………… 118

二十七、番木瓜科 Caricaceae …………………………………………………………………… 119
黄金木瓜 *Carica papaya* L. …………………………………………………………………… 119

二十八、山龙眼科 Proteaceae …………………………………………………………………… 120
澳洲坚果 *Macadamia integrifolia* Maiden & Betche ………………………………………… 120

二十九、五味子科 Schisandraceae ……………………………………………………………… 122
黑老虎 *Kadsura coccinea*（Lem.）A. C. Smith ……………………………………………… 122

三十、橄榄科 Burseraceae ………………………………………………………………………… 123
乌榄 *Canarium pimela* K. D. Koenig ………………………………………………………… 123

三十一、鼠李科 Rhamnaceae …………………………………………………………………… 125
1. 毛叶枣 *Ziziphus mauritiana* Lam. ………………………………………………………… 125
2. 拐枣 *Hovenia acerba* Lindl. ………………………………………………………………… 127

三十二、杨梅科 Myricaceae ……………………………………………………………………… 128
杨梅 *Morella rubra* Lour. ……………………………………………………………………… 128

三十三、蔷薇科 Rosaceae ………………………………………………………………………… 130
1. 枇杷 *Eriobotrya japonica*（Thunb.）Lindl. ……………………………………………… 130
2. 热带毛桃 *Amygdalus persica* L. …………………………………………………………… 132
3. 黄锁梅 *Rubus ellipticus* Smith var. *obcordatus* Focke ………………………………… 133
4. 黑锁梅 *Rubus niveus* Thunb. ……………………………………………………………… 134

三十四、梧桐科 Sterculiaceae …………………………………………………………………… 135
苹婆 *Sterculia monosperma* Vent. …………………………………………………………… 135

三十五、锦葵科 Malvaceae ……………………………………………………………………… 136
1. 椰柿 *Quaribea cordata*（Humb. & Bonpl.）García-Barr. & J. Hernandez …………… 136
2. 可可 *Theobroma cacao* L. …………………………………………………………………… 138
3. 白可可 *Theobroma biocolor* Bonpl. ………………………………………………………… 140
4. 古布阿苏 *Theobroma grandiflorum*（Willd. ex Spreng.）K. Schum. …………………… 142
5. 猴面包树 *Adansonia digitata* L. …………………………………………………………… 143
6. 猴子可可 *Theobroma angustifolium* DC. ………………………………………………… 144

三十六、楝科 Meliaceae ·········· 145
1. 龙贡果 *Lansium domesticum* Corrêa ·········· 145
2. 仙都果 *Sandoricum koetjape*（Burm. f.）Merr. ·········· 146

三十七、仙人掌科 Cactaceae ·········· 147
麒麟果 *Hylocereus megalanthus*（K. Schum. ex Vaupel）Ralf Bauer ·········· 147

三十八、茜草科 Rubiaceae ·········· 148
1. 黑桃果 *Sarcocephalus latifolius*（Sm.）E. A. Bruce ·········· 148
2. 诺丽果 *Morinda citrifolia* L. ·········· 149

三十九、猕猴桃科 Actinidiaceae ·········· 151
1. 美丽猕猴桃 *Actinidia melliana* Hand.-Mazz. ·········· 151
2. 硬齿猕猴桃 *Actinidia callosa* Lindl. ·········· 152

四十、夹竹桃科 Apocynaceae ·········· 153
1. 大花假虎刺 *Carissa macrocarpa*（Eckl.）A. DC. ·········· 153
2. 假虎刺 *Carissa spinarum* L. ·········· 154

四十一、红厚壳科 Calophyllaceae ·········· 155
马米杏 *Mammea americana* L. ·········· 155

四十二、葫芦科 Cucurbitaceae ·········· 156
非洲杨桃瓜 *Telfairia occidentalis* Hook. f. ·········· 156

一、芸香科
Rutaceae

1. 澳洲指橙 *Microcitrus australasica*（F. Muell.）Swingle

芸香科微橙属一种多刺的林下灌木或小乔木，又称手指莱姆、指橙、手指柠檬、柠檬鱼子酱。由于其果肉粒粒晶莹剔透，像鱼子酱一样，因此也被称为鱼子酱莱姆。中国人则是因为澳大利亚手指莱姆外形酷似小黄瓜，饱满如香肠一般，遂将其称为指橙或手指柠檬。果肉由鱼子大小的微粒组成，香气独特，具有柚子外形和爽脆口感，是柠檬家族的极品。澳洲指橙有黄色、红色、粉红色、紫色、黑色、蓝色、绿色多种颜色。由于营养价值高，色、香、味（酸）俱佳，供不应求，备受全球名厨青睐。现在发现的指橙可以分为80多个品种，具有不同颜色的果皮、果肉和香气，并且大多都以发现者的名字命名。其中有2个品种最受欢迎，一种是拥有深绿色表皮和浅绿色果肉的'翡翠'，一种是具有深棕色果皮和橙红色果肉的'拜伦日出'。

原产澳大利亚昆士兰州和新南威尔士州沿海边界地区低地亚热带雨林中，生长条件要求非常苛刻，适宜生长在温暖湿润的环境，不耐严寒，一旦温度低于10 ℃就有可能导致落叶、生长不良，无法结果。

2. 山小橘 *Glycosmis pentaphylla*（Retz.）Corrêa

芸香科山小橘属小乔木，高达 5 m。羽状复叶，有小叶2～5枚，或单叶，叶薄革质，无毛，小叶圆形至长圆形，全缘，侧脉明显，顶部钝尖或短渐尖，基部短尖至阔楔形，硬纸质，叶缘有疏离而裂的锯齿状裂齿，中脉在叶面至少下半段明显凹陷呈细沟状，侧脉每边12～22条。花序轴、小叶柄及花萼裂片初时被褐锈色微柔毛；圆锥花序腋生及顶生，花白色；多花，花蕾圆球形；萼裂片阔卵形，长不及1 mm；花瓣早落，白色或淡黄色，油点多；雄蕊10，近等长，药隔背面中部及顶部均有一油点；子房圆球形或有时阔卵形，花柱极短，柱头稍增粗，子房的油点干后明显凸起。果近圆球形，果皮多油点，淡红色。花期3—10月，果期5—9月，会有花果同期现象。

主要分布于我国广东、香港、海南、台湾、福建、广西、云南、贵州等。越南也有分布。

3. 冰淇淋果 *Casimiroa edulis* La Llave in La Llave & Lex.

热带、亚热带常绿中型乔木，也称香肉果、白柿。树形直立或张开，树高可达15 m；树干暗灰棕色，上有木栓化皮孔。掌状复叶，具3～7小叶，通常为5小叶，椭圆形、披针形或卵形，叶上表面绿色，叶背暗色。花着生于新枝或叶腋，圆锥花序，花小，雌雄同花，黄色微带绿色。果实暗绿色或黄色微带绿色，近球形、扁球形，果皮薄呈膜状。种子大而硬，卵形，通常一个果实含有1～5颗种子。

果肉黄色或白色，含丰富的微量元素，其中钾、钙、铁、锌等含量均比一般水果高；维生素C的含量高；果肉柔软，入口即溶，甜而清爽、顺滑。成熟的果肉有香草、芒果、冰淇淋的味道，除可以直接采摘鲜食（或放3～4天后熟）外，冰冻后就是一份美味的冰淇淋，既可生吃，还可制成蜜饯、果酒，或作为冰淇淋、酸奶酪的配料；也可作为天然维生素C的重要原料，制作强化维生素C的食品或饮料。

原产墨西哥等中美洲地区。目前，在美国、澳大利亚兴起，并大规模种植，为高端新兴水果。我国台湾也开始商业化种植，广东、广西、福建、海南等地近年来引种试种成功。

4. 紫肉黄皮 *Clausena lansium*（Lour.）Skeels

又称紫金黄皮，作为黄皮的一个变异品种，拥有红色的果肉和果皮，叶片较其他黄皮品种小，紫金黄皮的枝条横切面会有明显的紫色，这是辨别真假紫金黄皮的主要方法。因其花青素含量比较高，紫金黄皮越来越受消费者喜爱。一般成熟期在6月中下旬，果皮、果肉成熟后均为紫色，果肉香甜，种子通常2～3颗，果实中等大小，单果重9 g左右。

广西、广东、海南、福建等地均有种植。

5. 假黄皮 *Clausena excavata* N. L. Burman

芸香科黄皮属灌木，高1~2 m。小枝及叶轴均密被向上弯曲的短柔毛，具散生微凸起的油点。叶有小叶21~27枚，花序邻近的有时仅15枚。花序顶生；花蕾圆球形；苞片对生，细小；花瓣白色或淡黄白色，卵形或倒卵形；子房上角四周各有一油点，密被灰白色长柔毛，花柱短而粗。果椭圆形，初时被毛，成熟时果实由暗黄色转为淡红色至朱红色，毛尽脱落，种子1~2颗。花期4—5月及7—8月，甚至10月仍开花（海南），盛果期8—10月。

主要分布于我国云南、广西、广东、海南等。越南、老挝、柬埔寨、泰国、缅甸、印度等地也有分布。常见于平地至海拔1 000 m山坡灌丛或疏林中。

6. 香水柠檬 *Citrus × limon* 'Rosso'

芸香科柑橘属小乔木，中国台湾培育品种，因其汁水香气浓郁，果皮味道清甜，没有苦涩味道，故称"香水柠檬"。株形开张，枝条披散、有刺，嫩梢紫红色。叶卵状椭圆形，有油胞，翼叶不明显，叶缘具波状浅锯齿。花蕾及花瓣下面显紫红色。果实长圆形或卵状椭圆形，果皮黄绿色至淡黄色，果顶圆，乳突不明显，果基钝圆；成熟果外果皮光滑，果面有凸出油胞，具芳香；果心充实，果肉嫩，淡黄绿色，汁多，香味浓郁，果实没有种子。

在我国华南地区均有种植。

7. 脆蜜金柑 *Citrus japonica* Thunb.

从"滑皮金橘"芽变单株选育而成的金柑新品种。果实椭圆形至圆形，单果重25 g左右，皮光滑，果皮油胞极少，色泽金黄色至橙红色，质地爽脆，味浓甜，无刺鼻辛辣味，果汁多，少核或无核，可食率高。

8. 山黄皮 *Clausena anisum-olens*（Blanco）Merr.

　　芸香科黄皮属小乔木，又称细叶黄皮。高3～6 m。当年生枝、叶柄及叶轴均被纤细而弯钩的短柔毛，各部密生半透明油点。叶有小叶5～11枚，小叶镰刀状披针形或斜卵形，顶部渐狭尖，略钝头，有时微凹，两侧明显不对称，叶缘波浪状或上半段有浅钝裂齿，嫩叶背面中脉常被短柔毛。花序顶生，花白色，略芳香；花蕾圆球形；萼裂片卵形；花瓣长圆形；雄蕊10，有时8，略不等长，花丝中部以下增宽；花柱比子房稍短，柱头不增大。果实圆球形，偶有阔卵形，淡黄色，偶有淡朱红色，半透明，果皮有多数肉眼可见的半透明油点，果肉味甜或偏酸，有种子1～2颗，稀更多；种皮膜质，基部褐色。花期4—5月，果期7—8月。

　　原产菲律宾。我国台湾（兰屿）有野生，广东（新会、鹤山）、广西（百色、龙州）及云南（蒙自、河口）均有栽种。

9. 花叶橙 *Citrus sinensis*（L.）Osbeck

芸香科柑橘属常绿观果小乔木，甜橙的一个变异类型。枝条有尖刺，叶狭长，新叶片上有黄色斑块或条纹，约有92%出现花叶变异，花为纯花芽，白色，有香气。果实圆球形，果面粗糙，油胞突出，果实横径4~5 cm、纵径4~6 cm，果面有金黄色纵纹。5月中旬始花，11月上旬果实进入最佳观赏时期。

果实大小适宜，果面颜色绚丽，观赏时间长，树形、花、叶、果都具有很高的观赏价值，特别是在秋季，斑斓的果、新叶在绿色老叶的衬托下显得分外美丽，是观果植物中的精品。

10. 山油柑 *Acronychia pedunculata*（L.）Miq.

芸香科山油柑属植物。树高5～15 m。树皮灰白色至灰黄色，平滑，不开裂，内皮淡黄色，剥开时有柑橘叶香气。叶有时呈略不整齐对生，单小叶，叶片椭圆形至长圆形。花两性，黄白色；花瓣狭长椭圆形。果序下垂，果淡黄色，半透明，近圆球形而略有棱角；种子倒卵形，种皮黑褐色、骨质，胚乳小。花期4—8月，果期8—12月，果实可生食，甘凉解渴。

主要分布于中国、菲律宾、越南、老挝、泰国、柬埔寨、缅甸、印度、斯里兰卡、马来西亚、印度尼西亚、巴布亚新几内亚。生于较低丘陵坡地杂木林中，为次生林常见树种之一，有时成小片丛林，在我国海南可分布至海拔900 m山地茂密常绿阔叶林中。

优稀果树种质资源

二、无患子科
Sapindaceae

1. 红皮龙眼 *Dimocarpus longan* 'Red Ruby'

无患子科龙眼属植物,也称红宝石龙眼,是来自泰国的品种。叶片和果实为红色,开花时,雌蕊柱头呈现粉红色。

它有一个令人惊讶的生长习性,就是一边开花,一边结果,花果同树,而且一年四季都处于开花结果的状态。单果比较大,比普通的龙眼大一些,剥开之后,果实汁水很多,容易溢出,果核比较大,果肉少,味道清甜,糖度较高,龙眼味浓郁。具有一定的观赏价值。

在我国热带、亚热带地区均有种植。

2. 海南韶子 *Nephelium topengii*（Merr.）H. S. Lo

无患子科韶子属常绿乔木。小枝干时红褐色，常被微柔毛。小叶薄革质，长圆形或长圆状披针形，背面粉绿色，被柔毛，直而近平行。花小，无花瓣，腋生或顶生圆锥花序，有锈褐色小柔毛。果椭圆形，黄色或红色。花期4月，果熟期6—7月。

果肉味酸甜，可以食用。

分布于我国海南、广东、广西等地。印度和马来西亚亦有分布。

3. 红毛丹 *Nephelium lappaceum* L.

无患子科韶子属热带常绿乔木，又名毛荔枝、韶子、红毛果。泰国红毛丹有"果王"之称。小枝圆柱形，有皱纹，灰褐色，在嫩部被锈色微柔毛；叶轴稍粗壮，干时有皱纹；小叶2或3对，很少1或4对，薄革质，椭圆形或倒卵形，顶端钝或微圆，有时近短尖，基部楔形，全缘，两面无毛；侧脉7～9对，干时褐红色，仅在背面凸起。花序常多分枝，与叶近等长或更长，被锈色短茸毛；花梗短；萼革质，裂片卵形，被茸毛；无花瓣。果实阔椭圆形，红黄色。花期夏初，果期秋初。

成熟的红毛丹果并非都是红色的，也有黄色的。有的红毛丹核的大小近似于芝麻。红毛丹的味道类似于荔枝。

原产马来半岛、东南亚各国，如泰国、斯里兰卡、马来西亚、印度尼西亚、新加坡、菲律宾均有生产，美国夏威夷和澳大利亚也有栽培。我国海南、云南西双版纳也有野生红毛丹的分布。红毛丹在我国种植面积较少，台湾、海南（保亭和三亚）有较大面积的种植。

4. 阿基果 *Blighia sapida* K. D. Koenig

无患子科咸鱼果属植物，又称西非荔枝果，是加勒比岛国牙买加的"国果"。树高10～12 m，树干灰色，十分光滑，树冠茂密伸展。叶宽大有光泽。

1793年，一位名为威廉的将军将这种植物移植到牙买加，作为奴隶的日常食物。阿基果开花结果时，果树吸引来很多蜜蜂，因此牙买加人给它取名"阿基"果。"阿基"是玛雅语，意为"蜜果"。非洲、拉丁美洲、亚洲及欧洲南部等气候湿热的地区都有阿基果，人们大多将它视为观赏植物。阿基果的果壳在阳光照射下裂开，露出3个分别连着柔软的奶黄色果肉的黑色大种子，好像人咧着嘴打哈欠露着牙似的；每年1—3月和6—8月，当一串串淡黄色的阿基果变成迷人的鲜红色时，人们便知道收获阿基果的时候到了。采摘阿基果大有讲究，时间既不能早也不能晚。当地人形容说："当阿基果'打哈欠'时，就可以摘了。"没有裂开的阿基果果肉中含有有毒的次甘氨酸A，人误食后，会出现剧烈呕吐、昏睡、抽搐、昏迷等症状，严重的会致命。

原产科特迪瓦和加纳等西非地区。

 优稀果树种质资源

三、桃金娘科
Myrtaceae

1. 桃金娘 *Rhodomyrtus tomentosa*（Aiton）Hassk.

　　桃金娘科桃金娘属小灌木，别名岗棯、山棯、多莲、当梨根、稔子树、豆棯、仲尼、乌肚子、桃舅娘、当泥。树高可达2 m。叶对生，革质，椭圆形或倒卵形。花常单生，紫红色，萼管倒卵形，萼裂片近圆形，花瓣倒卵形，雄蕊红色。浆果卵状壶形，熟时紫黑色。花期4—5月。

　　夏日花开，绚丽多彩，灿若红霞，边开花边结果。成熟果可食，也可酿酒，是鸟类的天然食源。

　　分布于我国台湾、福建、广东、广西、云南、贵州及湖南最南部。中南半岛，以及菲律宾、日本、印度、斯里兰卡、马来西亚、印度尼西亚等地亦有分布。生于丘陵坡地，为酸性土指示植物，也可以用于园林绿化、生态环境建设，是山坡复绿、水土保持的常绿灌木。

 优稀果树种质资源

2. 蒲桃 *Syzygium jambos*（L.）Alston

桃金娘科蒲桃属乔木。主干极短，广分枝。叶片革质，披针形或长圆形。聚伞花序顶生，有花数朵；花白色，萼管倒圆锥形，萼齿半圆形；花瓣分离，花柱与雄蕊等长。果实球形，果皮肉质，直径3～5 cm，成熟时黄色；种子1～2颗，多胚。花期3—4月，果熟期5—6月。

原产东南亚。我国海南有野生蒲桃，华南地区有人工栽培的蒲桃。蒲桃适应性强，各种土壤均能栽种，多生于水边及河谷湿地，因而又称水蒲桃，可以作为防风植物栽培，果实可以食用，是湿润热带地区良好的果树、庭院绿化树。

3. 马来蒲桃 *Syzygium malaccense*（L.）Merr. & L. M. Perry

桃金娘科蒲桃属乔木，又称马六甲蒲桃。高15 m；嫩枝粗大，干后灰褐色。叶对生；叶柄长约1 cm；叶片革质，狭椭圆形至椭圆形，先端尖锐，基部楔形，侧脉11～14对，有明显网脉。聚伞花序生于无叶的老枝上，花4～9朵簇生；总梗极短，粗大，有棱；花红色，萼管阔倒锥形，萼齿4，近圆形；花瓣分离，圆形；花柱与雄蕊等长。果实卵圆形或壶形，种子1颗。花期5月。

原产马来群岛。在我国主要分布于台湾、云南、广东、广西、福建、海南等地。

4. 迷你番石榴 *Psidium guajava* 'Odorata'

又称"香番石榴"。植株矮小，一般高0.4~2 m。叶片细长，叶脉明显、凸起，花白色。果实圆形，直径为2~4 cm，果皮绿色，果肉白色，种子多。

经后熟果实黄色，味道甜，有浓郁的香味。迷你番石榴因其植株矮小，一般可以作植物盆景用，又因其果实味道浓郁，也可以作为育种材料。

5. 柠檬番石榴 *Psidium cattleianum* var. *littorale*（O. Berg）Fosberg

植株的外形与草莓番石榴相似，其果实为圆形，未成熟呈绿色，成熟后，果皮黄色、果肉浅黄色，有柠檬的香味，种子较栽培番石榴大且坚硬。草莓番石榴与柠檬番石榴亲缘关系较近，与栽培的番石榴亲缘关系较远，以柠檬番石榴作为母本与栽培番石榴杂交很难得到果实。草莓番石榴与柠檬番石榴在植株的性状、花的特点、叶片的特点等方面有很多相似性，两者属于不同种，但可以进行种间杂交。

6. 草莓番石榴 *Psidium cattleianum* Sabine

　　桃金娘科番石榴属小乔木，株高可达7.5 m。树皮光滑，灰褐色，幼枝圆柱形。叶椭圆形至倒卵形。花腋生，白色，花萼不明显浅裂；花冠由4枚圆形的花瓣组成；众多的雄蕊聚集在萼裂片的基部。果实倒卵形至圆形，直径3～5 cm，紫红色，有细皮；肉软，含有大量坚硬的种子，成熟时一般为红色。

　　果实味道香甜，芳香，有草莓的风味，故称草莓番石榴，较普通栽培番石榴耐寒，可作砧木。

　　原产巴西，最早由葡萄牙人传入我国。目前，在我国华南地区有栽培。

优稀果树种质资源

7. 紫果番石榴 *Psidium guajava* L.

桃金娘科番石榴属小乔木,果实呈长椭圆形,单果重150 g左右,肉质细嫩、香滑可口、种子少、脆,皮肉紫红色。该品种叶片一年四季呈紫红色,枝条较直立,生势旺,不仅可以作为果品生产,而且也是理想的绿化树种。

8. 巴西红果 *Eugenia uniflora* L.

桃金娘科番樱桃属灌木或小乔木，别称番樱桃、棱果蒲桃、毕当茄、红果仔。植株最高可达5 m，全株无毛，枝条纤细，稍下垂。叶对生，单叶，卵形至椭圆形，背面灰白色，表面叶脉凹入明显，叶柄短。花单生，白色，冬季稍落叶，其余三季不断开花结果，果实直径1.5 cm左右，有香气。果卵球形，有8条纵沟，黄色至红色，完全成熟时为深红色。

果肉多汁，稍带酸味，可食，也可制作软糖。

原产巴西。在我国华南地区有引种，其植株矮小，可以作为观赏盆景或路边植被栽培。

9. 长果番樱桃 *Eugenia aggregata* Baker

桃金娘科番樱桃属常绿灌木或小乔木。叶片对生。花单生，有4枚白色的花瓣；花的中心有几个长的雄蕊，有黄色的花药。果实呈闪亮的黑紫色。

果实漂亮、多汁、酸甜可口，有轻微的酸味。它们在烹饪中被广泛用于制作果酱、葡萄酒、白酒、果汁、蛋糕、果冻及其他品种的美食。

原产巴西南部和东南部，树形小至中等，其高度可达15 m，然而其生长缓慢，需要多年才能完全发育，适合美化环境、家庭种植、果园种植、重新造林和城市造林。

10. 巴西樱桃 *Eugenia brasiliensis* Lam.

桃金娘科番樱桃属常绿灌木。高2～6 m，树皮灰白色。小枝灰褐色，新芽红色，几乎全年均有枝梢生长。叶对生，叶片卵形或长椭圆形，叶尖骤尖，叶革质，有光泽，腋生花，单生或两三组对生，背面灰白色，表面叶脉凹入明显，叶柄短。花单生，有香气，无毛或被微柔毛的花序不明显，有长花序梗；萼片4枚，绿色；花瓣4枚，白色，约100枚白色雄蕊，花药浅黄色，3—5月为主要开花抽梢期，花伴随顶芽与嫩叶同时抽出，其花粉为三角形，具有3个发芽孔。结果期在3—6月，从开花至完全转色成熟约需50天，果实圆形，有8条纵沟，含1～3颗种子；种子硬，浅褐色或绿灰色。果实成熟过程由绿色变红色，最后呈暗紫色至近黑色，带有紫色或红色的萼片，成熟的果实多汁。

优稀果树种质资源

11. 黑嘴蒲桃 *Syzygium bullockii*（Hance）Merr. & L. M. Perry

桃金娘科蒲桃属灌木至小乔木。高达5 m；嫩枝稍压扁，干后灰白色。叶片革质，椭圆形至卵状长圆形，先端渐尖，尖头钝，基部圆形或微心形，上面干后暗褐色，下面色稍浅，侧脉多数，叶柄极短，近于无柄。圆锥花序顶生，多分枝，多花；花小；萼管倒圆锥形，萼齿波状；花瓣连成帽状体；花丝分离，花柱与雄蕊同长。果实椭圆形，成熟时为黑色。花期3—8月。

在我国主要分布于广东、海南、广西等。

三、桃金娘科

12. 费约果 *Acca sellowiana*（O. Berg）Burret

桃金娘科菲油果属常绿小乔木，别名斐济果、菲油果。高约5 m；枝圆柱形，灰褐色。叶片革质，椭圆形或倒卵状椭圆形。花瓣外面有灰白色茸毛，内部带紫色；雄蕊与花柱略红色。浆果卵圆形或长圆形，外面有灰白色茸毛，顶部有宿存的萼片。

花、果均可食用，适宜生长在温暖的亚热带气候的环境。

原产南美洲的巴西南部、阿根廷北部、巴拉圭和乌拉圭西部的山野。新西兰、日本、澳大利亚、法国和中国等均有引种栽培。植株可供观赏用，也可用于滨海盐碱地绿化美化和生态林建设中，是很好的蜜源植物和鸟食植物，可以增加生物多样性，维护森林生态系统的稳定性。

13. 黑糖芭比莲雾 *Eugenia javanica* Lam.

　　桃金娘科番樱桃属热带常绿果树，又名辈雾、琏雾、爪哇蒲桃，莲雾在我国台湾栽培历史颇为悠久，早在17世纪就由荷兰人自爪哇岛引入，仅在台湾各地农家庭院及果园零星种植。近年来由于品种及栽培技术的研究突破，莲雾产期提早且品质提高，现被视为消暑佳果。黑糖芭比是莲雾品种之一，其结果数量比较少，但是生长速度较快，在栽种后的第二年就有果实结出，果实个头比普通的莲雾要大上2倍，果皮的颜色呈暗红色。

　　原产马来半岛及安达曼群岛，在东南亚地区有经济栽培价值。

14. 嘉宝果 *Plinia cauliflora*（Mart.）Kausel

桃金娘科树番樱属常绿灌木。树枝顶端分枝能力较强，主干以上部分为自然圆头形；每个节上着生2片叶。叶子与茎的联系部位短，有茸毛，叶片表面带有蜡质，深绿色、有光泽，披针形或椭圆形。花小，白色，雄蕊多数，顶着淡黄色的小花粉。果实球形，果实从青色变红色再变紫色，最后呈紫黑色，果皮外表结实光滑，因其果实形状似葡萄，故又名"树葡萄"。

原产南美洲的巴西、玻利维亚、巴拉圭和阿根廷东部地区。20世纪60年代我国台湾有引进种植，近年来，福建、浙江、广东、海南、广西等地均有种植。其树形优美，枝叶浓绿茂盛，四季开花、结果，观赏价值高，适合公园、庭院等栽培。

15. 海南蒲桃 *Syzygium hainanense* Chang et Miau

桃金娘科蒲桃属乔木,别名乌木、乌口树、乌墨。高15 m;嫩枝圆形。叶片革质,阔椭圆形至狭椭圆形,先端圆或者钝,基部阔楔形,上面干后褐绿色或黑褐色,下面色稍淡,两面多微小腺点,侧脉多而密。圆锥花序腋生或生于花枝上,偶有顶生,有短花梗,花白色,3~5朵簇生;萼管倒圆锥形,萼齿不显;花瓣4,椭圆形略圆,花柱与雄蕊等长,花期2—3月。果实上部有长1~1.5 mm的宿存萼筒;果实卵圆形或者壶形,直径4~5 cm,成熟时深紫色至黑色,种子1颗。

主要分布于我国华南、华东至西南地区。树干通直,树姿优美,果实累累,果色鲜艳,为优良的庭荫树、行道树,是重要用材树种。

16. 四季红樱桃 *Eugenia observa* Blume

桃金娘科番樱桃属丛生灌木。高0.5~1 m；树枝无毛，老树枝的树皮呈黄褐色。叶单生，对立，叶片形状细长，基部长楔形。完全花，白色，着生在叶腋的茎上，雌蕊长1.2~2 cm，雄蕊长1~1.6 cm，甚至更长，有花药。果实为核果，长1.2~2.2 cm，具有白色椭圆形核。

原产巴西的圣保罗州、南马托格罗索州和米纳斯吉拉斯州，对不同的气候条件具有极强的适应性，可以在热带、亚热带各地区种植。海拔0~1 200 m的黄土、红土或沙质土壤中也可种植，可以抗低至-3 ℃的霜冻，也可以忍受长达3个月的无雨干旱。因植株矮小，可在花盆中作为观赏植物种植。

17. 雪松湾樱桃 *Eugenia reinwardtiana*（Blume）A. Cunn. ex DC.

桃金娘科番樱桃属常绿灌木或小乔木，又称短萼番樱桃、海滩樱桃，常见于澳大利亚昆士兰州沿海的海滨和岩石岬角。叶对生，椭圆形，深绿色。花白色。肉质红色或橙色的果实，形状为卵形到细长形，直径7～20 mm。果实可食用，但味道各不相同。单颗种子，略带甜味，多汁可口，有令人愉悦的浆果味或葡萄味。

用于制作调味饮料、糖果和蜜饯。

原产澳大利亚，主要分布于昆士兰州沿海的热带和亚热带地区，在巴布亚新几内亚和澳大利亚以外的其他热带地区也有分布。目前，我国华南地区有引种试种。

优稀果树种质资源

18. 绿蜜果 *Campomanesia guazumifolia-sete* Capotes

桃金娘科橘凤榴属落叶乔木。树冠开放；树高3～8 m，直径20～30 cm，常见从树干自然剥落的软木树皮。果实亚球形，黄色，直径约35 mm。

果实可以食用，果肉多汁，带有酸甜味，富含维生素，用于制作果酱、果冻和蜜饯。有时可从野外采集，供当地人使用。

主要分布于南美洲的阿根廷、巴拉圭、乌拉圭、巴西南部和东部。

四、杜英科
Elaeocarpaceae

文定果 *Muntingia calabura* L.

杜英科文定果属常绿小乔木，高5~8 m；树皮光滑、较薄，灰褐色。小枝及叶被短腺毛，叶片纸质，单叶互生，长圆状卵形，掌状，先端渐尖，基部斜心形，3~5主脉，叶缘中上部有疏齿，具有星状茸毛。花两性，单生或对生于上部小枝的叶腋，花萼合生；萼片5，分离，两侧边缘内折而成舟状，先端有长尾尖，开花时花萼反折；花瓣5，白色，倒阔卵形，具有瓣柄，全缘，先端边缘波状；雄蕊多数，子房无毛，5~6室，每室有胚珠多枚，柱头5~6浅裂，宿存，花盘杯状。果实多汁，浆果球形或近球形，直径约1 cm；成熟时为红色，无毛，内含种子；种子椭圆形，极细小。盛花期3—4月，全年有果成熟，果熟期6—8月。

原产南美洲。在我国栽培很少，广州的华南植物园和深圳的仙湖植物园有引种，在海南主要作为观赏树木栽培。

五、山榄科
Sapotaceae

1. 妈咪果 *Calocarpum sapota*（Jacq.）Merr.

也称马米果。树高15～20 m。花为白色小花。果实椭圆形，长15～25 cm，宽约15 cm，表皮非常粗糙而且布满鳞片，像是抹了一层干了的土，洗一洗还会脱落，果肉为明亮的橘红色，温润湿滑，看起来像过熟的木瓜，也有一点像软柿子，但质地要均匀很多，果核是光滑而且分离的，像是荔枝的核，吃起来异常方便。妈咪果果肉非常甜且软，稍有粒状感觉，没有一点纤维感，可以用勺子像吃冰淇淋一样直接挖着吃。

原产中美洲，是热带著名的水果。我国目前种植规模不大，广东、广西、海南、台湾等地少有种植。

041

2. 人心果 *Manilkara zapota*（L.）van Royen

山榄科铁线子属常绿乔木。小枝叶痕明显。叶互生，革质，为长圆形或卵状椭圆形。花梗密被毛，花冠为白色，子房圆锥状，密被毛。果实为纺锤形、卵圆形或球形，果肉黄褐色。花期4—9月，果期11月至翌年5月。

人心果外形长得像人的心脏，因而得名。果肉可食，味甜可口，除鲜食外，也可制成果汁、罐头、果脯、果酱等食用；树干的乳汁为口香糖原料。

原产墨西哥和中美洲地区。在我国主要分布于广东、广西、福建、台湾、云南等地的南部、中部及海南。人心果的繁殖方式包括播种繁殖和压条繁殖。人心果果树四季常绿，树形优美，常用作行道树和绿化、观赏树种。

五、山榄科

3. 蛋黄果 *Pouteria campechiana*（Kunth）Baehni

山榄科桃榄属小乔木。枝被褐色短茸毛。叶窄椭圆形，先端渐尖。花生于叶腋，花梗圆柱形，被褐色细茸毛。果实倒卵圆形、长圆形或木瓜形，绿色转蛋黄色，外果皮极薄，中果皮肉质，肥厚，蛋黄色，可食，味如鸡蛋黄，故名蛋黄果；种子椭圆形，黄褐色，具光泽。花期春季，果期秋季。

原产古巴和南美洲热带地区，主要分布于中南美洲、印度东北部、缅甸北部等地区。我国在20世纪30年代引入，50年代广州始有栽培，现云南、贵州、广东、广西、福建、海南等地均有栽培。一般采用播种、高空压条、嫁接进行繁殖。目前，比较流行的品种有'耀堂仙桃''仙桃''木瓜'等。

4. 神秘果 *Synsepalum dulcificum* Daniell

山榄科神秘果属热带常绿灌木。树高2～5 m。叶倒披针形或倒卵形。花着生于叶腋，乳白色或淡黄色，有淡香气味。果实成熟后呈鲜红色。花期2—5月，果期4—7月。

因果肉内含一种变味蛋白，能影响味蕾，食果后短时间内无论食酸（如柠檬）、食苦（如奎宁），均会产生甜味的感觉，在西非被称为"奇异的浆果"，在中国被称为"神秘果"。

原产非洲。20世纪60年代周恩来总理到访西非时，加纳共和国把神秘果作为国礼送给周总理，之后，神秘果开始在我国广东、广西、云南、海南等地栽培。以播种或高空压条繁殖为主，播种宜随采随播，高空压条在生长期均可。

优稀果树种质资源

5. 黄晶果 *Pouteria caimito*（Ruiz & Pav.）Radlk.

　　山榄科桃榄属常绿乔木。叶互生。两性花，单朵或数朵丛生于叶腋，长椭圆形、披针形或长倒卵形；花冠壶形，淡黄绿色。浆果球心形或长卵形，熟果橙黄色。果皮十分光滑透亮，因成熟果实晶亮呈黄色而得名。花期3—4月，果期7—9月。

　　黄晶果的营养价值高，未熟有涩味，成熟后甜而芳香，清甜多汁，也可进行发酵处理，制成果酒或果汁饮料。

　　原产巴西、秘鲁等地。我国主要分布于南方地区，主要采用嫁接或播种进行繁殖。对生长环境及土壤要求不高，喜沙质土壤，耐高温，也用于绿化及观赏栽培。

6. 金星果 *Chrysophyllum cainito* L.

　　山榄科星苹果属乔木，又称牛奶果、星苹果。胞室自中心向四周辐射呈星状，果大如山苹果，故又称星苹果。小枝圆柱形，壳褐色至灰色，被锈色绢毛或无毛。叶散生，坚纸质，长圆形、卵形至倒卵形，叶正面为绿色，背面为锈色或古铜色，因而又称"两面派"。花数朵簇生于叶腋，被锈色或灰色绢毛，花冠黄白色。果实倒卵状球形，紫灰色，无毛。花期7—9月，果期9—11月。

　　果肉味甜可口，肉质致密，富含水分，带有甘甜味及涩味，宜鲜食。

　　原产加勒比海、西印度群岛，主要分布于美洲、东南亚等热带地区。20世纪60—70年代，引入我国海南、广东、广西、台湾、福建和云南（西双版纳）等地栽培。一般使用播种和高空压条进行繁殖，树形美观，适作庭院观赏植物。

7. 绿柿 *Pouteria viridis*（Pittier）Cronquist

又称奇蜜果。树高12～24 m。叶片卵形，中肋上部长毛，近轴面茸毛。花生于叶腋，以2～5个为一组，呈管状，五裂，粉红色至白色。果实圆形至卵形，长51～130 mm，直径51～76 mm，果皮橄榄绿色或橙绿色；果肉呈橙色，光滑甜美，含种子1～2颗，深棕色，有光泽。

果肉甜美而多汁，味道有点类似于妈咪果，但果肉更细腻，质地更光滑。种子可以食用，也可以烤制。树的乳胶可以做成口香糖。

原产中南美洲，在危地马拉和洪都拉斯的野外原生植物中很常见。

六、木棉科
Bombacaceae

榴莲 *Durio zibethinus* Murray

木棉科榴莲属常绿乔木。高可达25 m，幼枝顶部有鳞片。托叶长1.5～2 cm，叶片长圆形，有时倒卵状长圆形，基部圆形或钝，两面发亮，上面光滑，背面有贴生鳞片，侧脉10～12对。聚伞花序细长下垂，簇生于茎或大枝上，每序有花3～30朵；花蕾球形；花梗被鳞片，苞片托住花萼，萼筒状，基部肿胀，内面密被柔毛，具5～6个短宽的萼齿；花瓣黄白色，雄蕊5束，每束有花丝4～18枚，花丝基部合生1/4～1/2。蒴果椭圆状，淡黄色或黄绿色，长15～30 cm，粗13～15 cm，每室有种子2～6颗，假种皮白色或黄白色，有强烈的气味。花果期6—12月。

榴莲是一种很矛盾的水果，有的地方既把它视为宗教崇拜的供果，又因为其刺鼻的气味而禁止带入公共场所。榴莲大如足球，外皮粗糙不平，汁液浅黄色，口感细腻香甜。因其营养成分极为丰富而被称为"果中之王"。

原产马来西亚。东南亚国家种植较多，其中以马来西亚、泰国、越南为主。我国广东、广西、海南也有种植。

七、木 通 科
Lardizabalaceae

八月瓜 *Holboellia latifolia* Wall.

木通科八月瓜属常绿木质藤本。因其果实在八月成熟，成熟时果皮炸开露出果肉，因此又被称为八月炸。叶互生。雌雄同株异花授粉，花为完全花序，雌花紫红色。果形似香蕉，果实为浆果，紫色或褐色，长圆形，长约9 cm，直径约6 cm，单果重90 g。果熟期9—10月。

果肉为白色，其味道甘甜、嫩滑、浓香，其鲜果耐贮耐运，干果切片即可入药。可以鲜食、入药，还可以栽培在庭院中绿化、美化环境，具有广阔的开发前景。

优稀果树种质资源

八、漆 树 科
Anacardiaceae

1. 太平洋橄榄 *Spondias dulcis* G. Forst.

漆树科槟榔青属落叶乔木，又称越南酸果、南洋橄榄、加椰芒。叶互生，奇数羽状复叶，全缘，先端尖。果卵椭圆形，成熟时，由青色变为黄色。

作为水果，味十足，食后回味甜，是一种具有保健作用的野生水果；作为食品调料，是一种很有前景的野生果实类蔬菜。果、嫩芽均可食，甜酸、爽口清凉、味美。树根含丰富淀粉。果肉中含有较多粗纤维，有助于消化，成熟果实带苹果香气，果汁多，汁淡黄白色，味略甘而带清快的酸味，酸甜可口。果实榨汁加糖可制解暑时尚饮料；或是加梅子粉打成果汁，有点颗粒状口感，清香爽口，风味独特。

2. 枇杷芒 *Bouea macrophylla* Griff.

漆树科士打树属小乔木，又称玛丽安芒果、李子芒果、玛丽安李子。通常有10～15 m高，天然林中高可达20 m；树干细而笔直，圆形树冠；树皮薄，淡褐色，略有裂缝。叶呈椭圆形、尖头，长10～30 cm，初现时呈红紫色，逐渐变成深色有光泽的绿色，具有突出的脉络和革质地，成对排列在长而下垂的小枝上，一年四季都留在树上。花很小，呈绿色，紧密排列在金字塔形的簇中，长达12.5 cm，出现在树枝的侧面和末端。受精的花朵发育成芒果状的果实，只是较小，大小和形状与鸭蛋差不多，呈椭圆形，果皮薄，呈绿色，成熟时变成黄色或橙色，只有1颗种子；种子紫色，可食率低。花期冬季，恰逢旱季的开始。

枇杷芒果实的味道不尽相同，从非常酸到甜都有。枇杷芒是近几年新兴的芒果品种，其看似枇杷，口感却似芒果的清香润滑。

原产东南亚，其自然分布范围从马来西亚半岛延伸到印度尼西亚的苏门答腊岛和西爪哇。如今在泰国中部已被商业化种植生产果实。

优稀果树种质资源

3. 腰果 *Anacardium occidentale* L.

漆树科腰果属被子灌木或小乔木。小枝黄褐色，无毛或近无毛。叶革质，呈倒卵形，侧脉两面突起。多花，苞片呈披针形，花为黄色，萼片披针形，花瓣线状呈披针形。果托为鲜黄色或紫红色，果实为肾形。花期12月至翌年5月，果期4—7月。因其坚果呈肾形而得名。

可生食或制果汁、果酱、蜜饯、罐头和酿酒，果壳油是优良的防腐剂或防水剂，木材耐腐，可供造船。

原产美洲热带地区，现全球热带地区广为栽培，其中莫桑比克是世界腰果主要产地，享有"腰果之乡"的美誉。在我国主要分布于海南、云南等地区。通过播种和压条进行繁殖。

4. 侯购谍 *Spondias purpurea* L.

漆树科槟榔青属灌木或小乔木，又名红酸枣、猪李、西班牙李、紫槟榔青。树高10～15 m，树皮光滑，枝条粗壮。叶具3～12对小叶，沟边缘有毛状体，小叶互生或对生，叶柄长0.5～3 mm；小叶的薄片斜椭圆形至倒卵形，较少呈卵形，顶端急尖至圆形，常尖状，基部通常急尖，不对称，全缘或锯齿状，沿中脉方或下方毛状或无毛。总状圆锥花序或亚鳞状，侧生于较老的脱核枝上，红色或红紫色，毛状或无毛，花红色。成熟时果实为黄色或紫红色，圆柱形，长25～30 mm。

果实多汁，果肉黄色，有一种类似于李子的味道，可以生吃或用糖煮熟吃，还可用于制作果酱、冰淇淋等。未成熟的果实被腌制或制成绿色酸酱汁。

原产美洲热带地区。

九、金虎尾科
Malpighiaceae

1. 西印度樱桃 *Malpighia glabra* L.

金虎尾科金虎尾属常绿灌木。10～12年生植株高可至4.5 m，树干短，分枝较低，小枝条细长，小枝对生。单生叶，长椭圆状卵形，表面粗糙，两面皆有毛，叶基部不对称，叶缘有粗锯齿的缺刻，叶柄短。花浅粉红色或深红色，花瓣5，腋生，聚伞花序。核果，形似樱桃，果皮薄，果肉红色，柔软多汁液，种子3～5颗。

原产中南美洲，分布于西印度群岛加勒比海地区，原住民早在好几百年前即有栽种利用，后经由美洲传至夏威夷、印度而至世界热带及亚热带地区。我国广东、海南、云南和台湾等热带地区均有引种栽培。喜高温多湿、阳光充足环境。植株生长强健，对土壤的要求并不严，自沙土至黏土或微酸性土壤皆可生长，但忌积水。

2. 花生奶油果 *Bunchosia armeniaca* DC.

金虎尾科西亚木属非耐寒常绿灌木，又名文雀西亚木、豆沙果。株高2～10 m，叶子长椭圆形出尖，叶序对生，叶边缘锯齿状。总状花序，腋生，花黄色，五瓣花。果实最初为浅绿色，成熟后变成橙色，浆果椭圆形，果实直径3～4 cm，果肉淡黄色，味道甜或酸。花期几乎全年，果期7—9月。

成熟果实可食用，味道如花生，又有牛奶味，因此得名花生牛奶果或花生奶油果。果实可生吃也能煮食，或当成调味料。

原产智利、秘鲁、哥伦比亚、玻利维亚和巴西。

优稀果树种质资源

十、大 戟 科
Euphorbiaceae

余甘子 *Phyllanthus emblica* L.

大戟科叶下珠属乔木。高达23 m，胸径50 cm；树皮浅褐色；枝条具纵细条纹，被黄褐色短柔毛。叶纸质至革质，2列，线状长圆形，顶端截平或钝圆，基部浅心形而稍偏斜，上面绿色，下面浅绿色，干后带红色或淡褐色；侧脉每边4～7条；托叶三角形，褐红色，边缘有睫毛。花期4—6月，果期7—9月。

树根和叶供药用，叶晒干可作为枕芯用料；种子可制肥皂；树皮、叶、幼果可提制栲胶；木材棕红褐色，坚硬，可作为农具和家具用材，又为优良的薪炭柴。

分布于菲律宾、马来西亚、印度、斯里兰卡、印度尼西亚，以及中南半岛等。在我国分布于江西、福建、台湾、广东、海南、广西、四川、贵州和云南等地。生于海拔200～2 300 m山地疏林、灌丛、荒地或山沟向阳处。喜温暖干热气候，根系发达，可保持水土，常作庭院风景树。

十、大戟科

十一、豆　科
Fabaceae 或 Leguminosae

1. 酸豆 *Tamarindus indica* L.

豆科酸角属热带、亚热带常绿大乔木，又称罗望子、酸梅（海南）、"木罕"（傣语）、酸果、麻夯、甜目坎、通血图、亚参果。树身高大，树干粗糙，枝叶扶疏，枝头挂着一串串、一嘟噜褐色的弯钩形荚果。

有甜型和酸型，是制作酸角糕的主要原料。

分布于我国的台湾、福建、广东、广西、云南等，常见栽培或野生。四川、云南两省境内的金沙江干热河谷是我国酸豆的主要产区，单产、品质、风味都优于其他地区。

2. 冰淇淋豆 *Inga edulis* Mart.

豆科印加树属常绿乔木,又称长果印加豆。树高可达30 m,种子周围的假种皮(果肉)白色半透明。

冰淇淋豆的属名Inga源自南美图皮人的名字,因其假种皮的甜美风味和光滑的质地与冰淇淋非常相似,所以被称为"冰淇淋豆"。主要用于遮阴,以及食物、木材、药品和酒精饮料的生产。种子含有毒化合物,需要烹饪后才能食用,味道类似于鹰嘴豆。假种皮可制作酒精饮料。

原产南美洲,在亚马孙地区广泛种植。我国海南、广东(广州)和云南(西双版纳)有引种栽培。

3. 天鹅绒罗望子 *Dialium indum* L.

豆科酸榄豆属。树高达43 m，胸径可达95 cm；小枝相当细长，灰色至深褐色，扁豆状，幼叶有毛，互生，卵状长圆形或卵状披针形至椭圆形，先端尖锐至渐尖，或钝至圆形；基部圆形至楔形；上面无毛，下面无毛至少量毛。圆锥花序顶生，下部主枝通常被叶或腋生至落叶束，花白色；萼片5枚，卵状长圆形至椭圆形，内部有细毛；雄蕊2枚，花药长圆形。果实直径3～4 cm，蓝黑色，果肉为红棕色的粉末。

因果皮外部有一层灰色的"果灰"，如薄薄的一层茸毛，而味道又与罗望子一样而得名。但两者外形相差甚大，后者为棕色豆荚状果实，前者为黑色橄榄状果实，英文名直译为"罗望子李子"。与罗望子一样，果肉与果壳之间有一定空隙，每个果实通常有一个坚硬、扁平、圆形、棕色的种子，种子有点像西瓜籽。与罗望子相比，天鹅绒罗望子的外壳更厚，相对水分更少，果肉更干燥，且呈粉状。味道虽是酸甜味，但更显甜，像是枣、葡萄干及干面粉混合在一起。在东南亚的一些国家，它常和辣椒混合，当作零食来吃。

主要分布于东南亚，非洲也有分布。

十二、大风子科
Flacourtiaceae

锡兰莓 *Dovyalis hebecarpa*（Gardn.）Warb.

大风子科锡兰莓属常绿小乔木，别名锡兰莓、酸味果。高3～10 m，有长而尖锐的刺，树皮灰褐色，幼枝有棕灰色茸毛，老枝条有白色皮孔。叶片薄革质，卵形、椭圆形或卵状长圆形，先端渐尖，基部宽楔形，上面深绿色，有光泽，疏被灰色茸毛，下面淡绿色，有棕色长茸毛。花单性，雌雄异株，萼片4，稀5～7，倒卵形至披针形，先端尖，两面有棕灰色茸毛；雄花10朵以上，腋生，雄蕊多数，花丝细长，无毛，花药卵形，内向，退化子房小或无；雌花单生或2～3朵聚生在叶腋内，花梗极短；萼片宿存，子房球形，密生茸毛，花柱开张，有茸毛，宿存。浆果近球形，直径约2.5 cm。花期1—4月，果期秋季。

果实可食用。浆果味酸或酸甜，可生食或做蜜饯用。也可以作为绿化树种，果紫红色，可供庭院栽培观赏用。

原产斯里兰卡。

十三、桑　　科
Moraceae

1. 鹊肾树 *Streblus asper* Lour.

　　桑科鹊肾树属乔木或灌木。树皮深灰色；小枝被短硬毛。叶革质椭圆状倒卵形或椭圆形，叶柄短或近无柄。花雌雄异株或同株，雄花序头状，苞片长椭圆形，花丝在花芽时内折，退化雌蕊圆锥状至柱形，下部有小苞片，子房球形，花柱在中部以上分枝。核果近球形，成熟时黄色，基部一侧不为肉质，宿存花被片包围核果。花期2—4月，果期5—6月。

　　分布于我国广东、海南、广西、云南等地区。斯里兰卡、印度、尼泊尔、不丹、越南、泰国、马来西亚、印度尼西亚、菲律宾也有栽培。常生于海拔200～950 m林内或村寨附近，耐干旱，适应性强，对土壤要求不严，在肥力中等、疏松、排水良好的土壤即可栽植。一般为播种、扦插或高空压条繁殖。

2. 长果桑 *Morus macroura* 'Long Fruit'

桑科桑属小乔木。高可达12 m，小枝幼时被柔毛；冬芽卵状椭圆形或卵圆形，被白色柔毛。叶片膜质，卵形或宽卵形，边缘具细密锯齿，表面深绿色，略粗糙，侧脉及网脉疏生细毛，背面浅绿色，幼时脉上疏被细毛，基生侧脉延长至叶片中部，侧脉向上斜展；托叶细小，早落。花雌雄异株；雄花序穗状，单生或成对腋生，雄花具梗，花被片卵形，外面被毛，花药近球形，退化雌蕊方形；雌花序狭圆筒形，子房斜卵圆形，稍扁，微被毛，无花柱，柱头2裂，内面有乳头状突起。聚花果成熟时红色，小核果，卵球形，微扁。花期3—4月，果期4—5月。

在我国华南、华北、华东等地区有种植。

3. 香金葚 *Morus macroura* 'Shahtoot'

又称作白长果、黄金葚果，源自巴基斯坦，是一个珍稀的进口引进品种。该品种叶子比较大，部分叶子有裂叶也有不裂的，这也是区别该品种的特征。香金葚是一个特别香、特别甜的桑葚品种，成熟果子有浓郁的香味，金黄色，口感鲜甜，是为数不多的甜度高、外形奇特的果桑品种。

树势强健，生长旺盛，主枝短粗，多层侧枝，枝条细短，结果枝发达，自然条件下，一年结果2次，产量高。单果重约4.5 g，不抗冻，为南方品种，北方冬季低于-5 ℃的地区，露天种植的话需谨慎。

4. 波罗蜜 *Artocarpus heterophyllus* Lam.

桑科波罗蜜属常绿乔木。叶革质，螺旋状排列，椭圆形或倒卵形。雌雄同株异花，花序生于老茎或短枝上。果椭圆形至球形，成熟时黄褐色，核果长椭圆形。花期3—8月，果期6—11月。

以其果实香味浓郁、甘甜如蜜而得名。中国将波罗蜜分为干苞和湿苞2种类型，其他国家对波罗蜜的品种分类与中国类似，基本上也分为2类：一类是软肉型，果实完全成熟后，能徒手剥开，肉甜，质软，果汁多；另一类是脆肉型，果皮不易徒手剥破，需用刀来剥开果实，果肉硬而脆，甜度变化较大。

主要分布于中国、印度、孟加拉国、巴西，以及中南半岛、南洋群岛等地。我国的海南、广东、广西、云南、福建等地都有栽培。喜热带气候，适生于无霜、年降水量充沛的地区，喜光，生长迅速，稍耐阴，喜深厚肥沃土壤，忌积水。百年波罗蜜树，木质金黄、材质坚硬，可制作家具，也可作黄色染料；因其树形整齐，冠大荫浓，是优美的庭荫树和行道树。

5. 榴莲蜜 *Artocarpus integer*（Thunb.）Merr.

桑科波罗蜜属常绿乔木。高5～20 m，树干直径约50 cm，树皮棕色、灰色；植物的所有部位都含有白色乳胶。叶椭圆形或卵形，叶柄长1～3 cm。从树干或短枝叶的分枝上单生单性花序，雄性花序长3～5 cm，直径1 cm，圆柱状总状花序，具有微黄色花粉，花序梗长7～10 cm。每个果实含有15～100颗种子，卵形稍扁平，呈浅棕色，周围有绿色、黄色或橙色的肉质假种皮。

成熟果实种子周围的果肉可以食用。种子富含碳水化合物、蛋白质、纤维素和矿物质；此外，种子具有很高的营养价值，并且在面包制备中可以部分替代小麦。叶子和果实可以饲养动物；木材用于建筑、家具、船只、工具和日常用品的制作，还可以提取黄色染料用于着色。

原产东南亚。生于海拔500 m左右的森林中。

6. 面包果 *Artocarpus altilis*（Parkinson）Fosberg

桑科波罗蜜属常绿乔木。叶大，成熟叶羽状分裂，表面深绿色，背面浅绿色。穗状花序单生叶腋，雄花序长圆筒形至长椭圆形或棒状。聚花果倒卵圆形或近球形。花期3—5月，果期7—10月。

果实富含淀粉，是重要的热带粮食植物，木材材质轻软，可用于建筑或制作独木舟。

原产太平洋群岛，以及印度、菲律宾，为马来群岛一带热带林木之一。生于阳光强烈的热带地区，我国广东、台湾、海南等地亦有栽培。该树是典型的热带多年生常绿果树，可以用播种、压条、分级插根等方法繁殖，种子可以即采即播。该树是观叶型、观果型常绿乔木，可单植、丛植，特别适合配置于果园和农场。

7. 木瓜榕 *Ficus auriculata* Lour.

桑科榕属无花果亚属乔木或小乔木，又名大果榕、馒头果、大无花果、波罗果、大木瓜、蜜枇杷、大石榴等，高4~10 m，胸径10~15 cm，榕冠广展。树皮灰褐色，粗糙；幼枝被柔毛，红褐色，中空。叶互生，厚纸质，广卵状心形，基部心形，稀圆形，边缘具整齐细锯齿，表面无毛，仅于中脉及侧脉有微柔毛，背面多被开展短柔毛，基生侧脉5~7条，侧脉每边3~4条，粗壮；托叶三角状卵形，紫红色，外面被短柔毛。榕果簇生于树干基部或老茎短枝上，大而梨形或扁球形至陀螺形，具明显的纵棱8~12条，幼时被白色短柔毛，成熟后脱落，红褐色，顶生苞片宽三角状卵形，4~5轮覆瓦状排列而成莲座状，基生苞片3，卵状三角形、粗壮、被柔毛；雄花无柄、花被片匙形、薄膜质、透明，花药卵形，花丝长；瘿花花被片下部合生，上部3裂，微覆盖子房，花柱侧生，被毛，柱头膨大；雌花生于另一植株榕果内，有或无柄，花被片3裂，子房卵圆形，花柱侧生，被毛，较瘿花花柱长。瘦果有黏液。花期8月至翌年3月，果期5—8月。

产于印度、越南、巴基斯坦等地区。我国海南、广西、云南、贵州（西南部）、四川（中部）等地有分布。喜生于低山沟谷潮湿雨林中。

8. 薜荔果 *Ficus pumila* L.

桑科榕属常绿攀援或匍匐灌木。雌雄异株，叶两型，不结果枝节上生不定根，叶小而薄，卵状心形，膜质，基部稍不对称，叶柄很短；结果枝上无不定根，攀援于墙壁或树上，叶卵状椭圆形，先端急尖至钝形，基部圆形至浅心形，背面被黄褐色柔毛，网脉3～4对，在表面下陷，背面凸起，网脉甚明显；托叶披针形，被黄褐色丝状毛。榕果单生叶腋，瘿花果梨形，雌花果近球形，长4～8 cm，直径3～5 cm，顶部截平，基生苞片宿存，密被长柔毛，榕果幼时被黄色短柔毛，成熟时黄绿色或微红色；雄花生于榕果内壁口部，排为几行，有柄，花被片2～3，花丝短；瘿花具柄，花被片3～4，线形，花柱侧生，短；雌花生于另一植株榕果内壁，花柄长，花被片4～5。瘦果近球形，有黏液。花期5—6月，果期9—10月。

原产中国和日本。主要分布于我国华东、华南和西南等地。常借气根攀援于大树、墙壁或岩石上。喜湿润环境，适宜排水良好的沙壤土。

优稀果树种质资源

9. 沙巴果 *Artocarpus odoratissimus* Blanco

桑科波罗蜜属,又称香菠萝蜜、马兰、菲律宾香菠萝、香菠萝等。叶子很大,椭圆形至倒卵形,叶两面都覆盖着粗糙的毛发。花序雌雄同株,果实亚球形,覆盖着坚硬的毛茸茸的突起,长约1 cm。

这种水果有强烈的香味,味道鲜美,优于波罗蜜,果实的外观可以被视为介于波罗蜜和面包果之间的中间形状。成熟时,果实的颜色从浅绿色变为深棕色。果皮上覆盖着软刺,外观接近榴莲或波罗蜜。厚厚的果皮上覆盖有柔软、宽的刺。随着果实的成熟,刺变得坚硬而脆。果实成熟时不会掉到地上。果实可以在仍然坚硬的时候收割,然后等待成熟,直到变软。果实的内部与波罗蜜有点相似,但颜色偏白。果核相对较大,果皮呈白色,有葡萄大小,每个果皮含有一个种子。该水果一旦打开,应该在几个小时内吃掉,因为它会迅速失去味道和被氧化。果肉吃起来很新鲜,有令人愉快的芳香。未成熟的幼果有时被当作蔬菜食用。种子也很有价值。经过烘烤,种子质地坚硬,有坚果味,不太油,有一种栗子的味道。这些特性为沙巴果开发成食品提供了巨大的潜力。

原产马来西亚、文莱。在印度尼西亚、马来西亚、菲律宾和泰国南部栽培。这种水果是为当地消费而种植的,它较短的保质期限制了其发展。沙巴果成熟得很快,一旦成熟,不到几天就会变质,所以出口是个问题。目前还没有沙巴果的商业种植园。

十四、茄　　科
Solanaceae

1. 树番茄 *Cyphomandra betacea*（Cav.）Sendtn.

茄科树番茄属。叶卵状心形。花冠辐状，粉红色。果卵圆形，多汁，光滑，橘黄色或带红色。花期春季，果期为秋季。

原产南美洲，热带和亚热带地区均有引种。我国的云南和西藏南部有栽培。喜温暖，喜光，怕水涝，耐干旱，嫩梢易受冻，对土壤要求不高，但以土层深厚、排水良好的沙壤土为佳。树番茄一般采用播种和扦插进行繁殖。树番茄具有观赏价值，果实变红时即可采摘，也可继续留在树上供观赏。在经济价值方面，树番茄还可以加工成番茄脯、复合果酱、番茄汁等产品。

2. 可可纳果 *Solanum sessiliflorum* Dunal.

又称科科纳果、奥里诺科苹果、桃子番茄。植株高1～2 m，可以成活3～5年。互生卵形叶，边缘呈扇形，上表面有硬毛，下侧有突出的叶脉，毛较软，有一个非常大的叶片，斜向基部，叶脉绿色。花以5～8朵为一组生于叶腋，花直径2.5～4.0 cm，在茎上依次开放；萼片5，深绿色；花瓣5，淡黄绿色；雄蕊5，黄色。浆果，果形从卵形到球形、扁圆形、长圆形、圆锥形或椭圆形，长6～12 cm，宽4～8 cm，顶端钝圆，薄而坚韧的果皮上覆盖着由毛状体形成的桃状茸毛，牢固地附着在果实上；横向切割时，有4个隔间，里面有呈液态的、果冻状的、奶油状的果肉和许多种子。连续开花，一株植物在其一生中可以开出约1 000朵花，但只有5%～10%会坐果。坚硬的果肉有淡淡的番茄香气。

原产南美洲的亚马孙河和奥里诺科河地区。该地区从委内瑞拉的奥里诺科河上游地区延伸到厄瓜多尔、哥伦比亚、秘鲁和巴西的亚马孙河上游。在欧洲人到来之前，这种植物在奥里诺科河上游和亚马孙盆地广泛种植。目前，只在同一地区小规模种植，既用作水果，也用作蔬菜。除这个地区之外，鲜为人知。它已被带到包括南非、哥斯达黎加，以及美国的佛罗里达州、波多黎各在内的几个地方，但尚未获得重视。在洪都拉斯低季节性降雨和厚重土壤条件下进行了试种，并取得了成功。

十五、西番莲科
Passifloraceae

1. 鸡蛋果 *Passiflora edulis* Sims

西番莲科西番莲属藤本。因其果形如鸡蛋，故名"鸡蛋果"。茎无毛。叶纸质，两面无毛；托叶为线状披针形。花芳香，白色，萼片长圆形，花瓣披针形，子房倒卵球形。果实为卵球形，果皮坚硬。花期4—6月，果期7月至翌年4月。

果可生食或作蔬菜、饲料。果瓤多汁液，可制成饮料。种子榨油，可供食用和制皂、制油漆等。

原产安的列斯群岛，现广植于热带和亚热带地区。在我国栽培于广东、海南、福建、云南、台湾等。一般采用播种繁殖或扦插繁殖。花大而美丽，花形奇异、果色鲜艳，具有很高的观赏绿化价值，是园林垂直绿化及棚架绿化种植较佳植物。

十五、西番莲科

2. 龙珠果 *Passiflora foetida* L.

西番莲科西番莲属草质藤本。茎柔弱且被平展柔毛。叶宽卵形或长圆状卵形，两面及叶柄均被丝状长伏毛，叶上面混生少量腺毛，叶下面中部有散生小腺点。花白色或淡紫色，苞片羽状分裂，萼片长圆形，背面近顶端具角状附属物。浆果卵球形或球形。花期7—8月，果期翌年4—5月。

果味甜，将果实洗净后可直接食用。

原产西印度群岛。我国福建、台湾、广东、海南、广西、云南等地有分布。喜高温及阳光充足的环境，耐热、耐涝、耐湿，生长适宜温度20～30 ℃。对土质要求不严，在贫瘠的土地上也可正常生长。不用施肥，可粗放管理。常见逸生于海拔120～500 m的草坡路边。一般以播种繁殖方式为主。

3. 热情果 *Herba Passiflorae Coeruleae*

西番莲科多年生缠绕草本，别名转枝莲、转心莲。茎细，长4 m左右，有细毛，具单条卷须，着生于叶腋处。叶互生，掌状3或5深裂，裂片披针形，先端尖，边缘有锯齿，基部心形；先端近叶基处有2蜜腺。花单生叶腋，萼片5，矩形，先端圆，背有一突起；花瓣5，淡红色，内部有细须，呈浓紫色或淡紫色；雄蕊5，花药能转动；子房上位。浆果椭圆形，成熟后黄色。花期秋季，夏、秋季采收。

目前，在我国云南、海南、广东、广西等地有引种栽培，多栽培于庭院。

4. 大果西番莲 *Passiflora quadrangularis* L.

西番莲科西番莲属粗壮草质藤本。长10~15 m，无毛；幼茎四棱形，常具窄翅。叶膜质，宽卵形至近圆形，基部圆形，全缘，无毛，侧脉8~12对，网脉疏散；叶柄具2~3对杯状腺体；托叶大形，卵状披针形，边缘具细齿。花序退化仅存1朵花；与叶柄对生，卷须粗壮；花梗三棱形；苞片叶状，卵形，基部心形；花淡红色，芳香；萼片5，卵形至卵状长圆形，被疏毛，内面玫瑰红色；花瓣5，淡红色，长圆形或长圆状披针形；外副花冠裂片5轮，丝状，白色或紫色，雄蕊5；子房卵球形；花柱紫色，柱头3裂。浆果卵球形，长20~25 cm，肉质，熟时红黄色；种子多数，近圆形，扁平。花期2—8月。2—5月植株零星开花，6—8月植株大量开花。

从种子萌发到开花约需1年时间，花在每天7:00左右开放，开放时浓香，色彩艳丽，天黑时闭合，次日呈萎蔫状。

原产美洲热带地区。全世界热带地区有栽培，在我国广东、海南和广西有引种栽培。

5. 香蕉百香果 *Passiflora tarminiana* Coppens & V. E. Barney

西番莲科西番莲属蔓性藤本。叶掌状三深裂，长椭圆形，边缘有锯齿。花大，单生于叶腋，花萼及花瓣粉红色。浆果，长5~7 cm，宽2~4 cm，形状类似于椭圆形，果皮呈绿色或黄色，光滑无毛，质地比较坚韧。

果肉中央存在着大量的微小黑籽，果肉呈半透明状，口感比较清新、不甜腻，略带酸味，所以口感上比较受欢迎。此外，果肉中还带有微量的涩味，但不影响口感品质。香蕉百香果是一种比较酸的水果，不适合空腹食用。

十六、番荔枝科
Annonaceae

1. 光叶番荔枝 *Annona glabra* L.

番荔枝科番荔枝属植物，又称圆滑番荔枝。高可达10 m；枝条有皮孔。叶纸质，卵圆形至长圆形或椭圆形，基部圆形且无毛，叶面有光泽，侧脉两面凸起，网脉明显。花蕾卵圆状或近圆球状，外轮花瓣白黄色或绿黄色，顶端钝且无毛，内面近基部有红斑，内轮花瓣较外轮花瓣短而狭。果牛心状，平滑无毛。花期5—6月，果期8月。

原产美洲热带地区。我国广东、云南、海南、香港等地有引种栽培。一般为播种繁殖和圈枝繁殖。果实可供鲜用，是优良的园林和热带果树树种。木材呈黄褐色且较轻，可作瓶塞或渔网浮子之用。

2. 刺果番荔枝 *Annona muricata* L.

番荔枝科番荔枝属常绿乔木。高达10 m。叶纸质，倒卵状长圆形或椭圆形；两面稍凸起，近叶缘网结。花蕾卵圆形，花淡黄色，内面基部具红色小凸点。果近球形或卵圆形；种子多数，肾形。花期4—7月，果期7—12月。

果实硕大而有酸甜味，可食用。其含酸性果肉或果汁，可用于制作水果沙拉、慕斯、冰淇淋、果冻和冰糕等食品，还可提取芳香精油。其木材也是造船的好材料，亦可作紫胶虫寄主树。

原产美洲热带地区。分布于我国台湾、广东、广西等地，亚热带地区也有分布。喜温暖、湿润及光照充足的环境，不耐寒，对土壤要求不严。适生于深厚、肥沃、排水良好的沙质土壤中。一般采用实生繁殖和无性繁殖。

3. 山刺番荔枝 *Annona montana* Macfad.

番荔枝科番荔枝属常绿乔木。高达10 m，树皮略带紫色和棕色。叶柄具槽，叶片纸质，浅绿色，叶面暗绿色。圆锥花序顶生或腋生于小枝顶端，1或2花，萼片卵形，外花瓣淡黄棕色，内花瓣橙色，短于外花瓣。合心皮果黄棕色，卵球形、近球形、卵形或心形，稍偏斜，具浓密柔软的刺和黑褐色毛；果肉淡黄色，芳香。花期5月，果期7—9月。果可以食用。

原产西印度群岛、美洲热带地区。我国广东、广西、海南、云南等地有种植。

优稀果树种质资源

4. 牛心番荔枝 *Annona reticulata* L.

番荔枝科番荔枝属乔木。枝条有瘤状凸起。叶纸质，长圆状披针形，两面无毛。总花梗与叶对生或互生，花蕾披针形，萼片卵圆形，外轮花瓣长圆形，黄色，基部紫色，内轮花瓣退化成鳞片状，雄蕊长圆形。果实为近圆球状心形的肉质聚合浆果，成熟时暗黄色。花期冬末至早春，果期翌年3—6月。

果实成熟后可以直接食用，牛心番荔枝还可栽培于庭院、公园及社区等供观赏。

原产美洲热带地区，现亚洲热带地区均有栽培。在我国台湾、福建、广东、广西和云南等地均有栽培。喜温暖、湿润及光照充足的环境，耐热，不耐寒。对土质要求不高，适生于土层深厚、肥沃、排水良好的沙质土壤，一般采用播种繁殖。

5. 大花紫玉盘 *Uvaria grandiflora* Roxb.

番荔枝科紫玉盘属攀援灌木。长可达3 m；全株密被黄褐色星状柔毛至茸毛。叶纸质或近革质，叶片长圆状倒卵形，叶柄粗壮。花单朵，紫红色或深红色；花梗短，苞片大卵圆形，萼片膜质，宽卵圆形；花瓣卵圆形或长圆状卵圆形。果长圆柱状，种子卵圆形，扁平，种脐圆形。花期3—11月，果期5—12月。

大花紫玉盘花果期均达半年以上，既能观花又能赏果。

分布于印度、缅甸、泰国、越南、马来西亚、菲律宾和印度尼西亚。我国广东南部也有分布。生于低海拔灌木丛中或丘陵山地疏林中。

6. 黄龙释迦 *Annona salzmannii* A. DC.

番荔枝科番荔枝属常绿乔木，树高6～20 m，直径30～40 cm，通常从低处分枝。果实呈黄色，果肉柔软香甜，无纤维，果实大，重约450 g。

在国外，有的厨师把它加工成冰淇淋、沙拉等高端的美食。

原产南美洲，在南美洲和美国广泛种植。该品种生长迅速，实生苗3年可以结果。在我国广东、广西、海南、云南、福建等地区有引种试种。

7. 红皮释迦 *Annona squamosa* L.

通常被称为玫瑰释迦或蜜红释迦。它是土释迦的自然变种，由中美洲引进，其表皮为独特的紫红色或深粉红色。

这种果实的口感、香气和重量与土释迦相似，属于较为罕见的一种品种。

8. 泡泡果 *Asimina triloba*（L.）Dunal

番荔枝科巴婆果属落叶阔叶树，又称巴婆果。株高5～10 m。叶深绿色并下垂生长，叶片在秋季变成金色或棕色。花着生于二年生枝条上，成熟的花朵直径可达5 cm。果实为椭圆形圆柱状浆果，长3～15 cm，直径3～10 cm，单生或6～8个簇生。

成熟果实有浓郁的似香蕉、芒果、苹果的混合香味，既可鲜食，又可提取香料，制作果冻、冰淇淋等；树干、幼枝、树叶中含有一种复合物可广泛用于防治病虫害。

原产美国印第安纳州中部的温带森林，是番荔枝科中唯一适合温带的树种。在美国的25个州，从佛罗里达州的北部到加拿大的安大略湖，西至内布拉斯加州的东部都有分布。我国在2002年开始引种，其丰富了我国经济林栽培树种及品种，增加了果品种类，另外也引进了果品深加工技术及新的植物源杀虫剂。

9. 香波果 *Stelechocarpus burahol*（Blume）Hook. f. & Thomson

番荔枝科茎花玉盘属常绿植物，又称茎花玉盘、克派尔苹果。高达25 m，树冠为圆锥形，具有对称的侧向分支，成熟的树皮呈深棕色。叶革质，幼叶深红色，逐渐变为粉红色、浅绿色，最后变为深绿色。花成簇，8～16朵，衰老时呈现绿色和白色；雌雄同株异花，雄花在上部树干和较老的枝条上，雌花只出现在较低的树干上，果实直径5～6 cm，幼果绿色，成熟时为棕色，有轻微的疣状，含种子4～6颗，种子椭圆形，果实被刮伤的表皮下呈黄色或浅棕色时即成熟。

果肉橙色多汁，可食用，带有椰子或芒果的味道，未成熟的果实又酸又苦，成熟果实可以制成果子露，也可以制成奶昔和饮料，或者用于制作沙拉、粥和甜点。

原产加里曼丹岛、爪哇岛、小巽他群岛等，主要生长在潮湿的热带雨林中。我国华南地区有引种栽培。

十七、酢浆草科
Oxalidaceae

1. 木胡瓜 *Averrhoa bilimbi* L.

酢浆草科阳桃属小乔木，别名长叶五敛子、木黄瓜、三棯、毛叶杨桃。高5～10 m。叶聚生于枝顶，全缘，两面多少被毛。圆锥花序生于分枝或树干上，被柔毛，花暗红色，花瓣长圆状匙形。果实长圆形，具钝棱，果实小，状似胡瓜。花期4—12月，果期7—12月。

果实味道极酸，似杨桃，更似柠檬，可以和糖煮食，或用盐腌渍，以制成渍果、果饴、果酱、蜜饯及清凉饮料，也可以与鸡肉、牛肉烹煮，风味甚佳。

原产摩鹿加群岛和亚洲热带地区。

2. 杨桃 *Averrhoa carambola* L.

酢浆草科阳桃属乔木。株高约12 m，树皮暗灰色。奇数羽状复叶，小叶为卵形或椭圆形。聚伞或圆锥花序，花瓣稍背卷，背面淡紫红色、粉红色或白色。浆果肉质，下垂，颜色是淡绿色或蜡黄色，有5条棱边，少数为6条或3条棱，横切面为星状；种子黑褐色。花期4—12月，果期7—12月。

原产亚洲东南部，在晋朝时传入我国，因其悬挂枝头而被称为"挑"，且因是过洋而来的，所以被称为"洋挑"，后因笔误成为"杨桃"，在《本草纲目》中名为"阳桃""五敛子"。

在我国广东、广西、福建、台湾、云南等省区有栽培，根据其酸甜程度分为酸和甜2种类型。果实奇特，色泽美观，园林中常于路边、墙垣边或建筑物旁栽培观赏，也可栽于绿化阳台、天台作大型盆景。

优稀果树种质资源

十八、棕 榈 科
Arecaceae

1. 蛇皮果 *Salacca zalacca*（Gaertn.）Voss

棕榈科蛇皮果属丛生灌木。叶羽状全裂，羽片披针形或线状披针形；花序生于叶间。果实球形、陀螺形或卵球形，顶端具残留柱头，外果皮薄，中果皮薄，内果皮不明显；种子长圆形、球形或钝三角形，肉质种皮厚。

蛇皮果外形奇特，下圆上尖，皮呈鳞片状，很像蛇皮。成熟的果肉通常可作为新鲜水果食用。

原产东南亚。现在分布于我国华南、川渝等地区，在印度、中南半岛至马来群岛等地区也有分布。喜热带湿润气候，繁殖方式为播种或萌蘖繁殖，可观赏或作绿篱，可庭院栽培。

优稀果树种质资源

2. 椰枣 *Phoenix dactylifera* L.

棕榈科刺葵属乔木，又名波斯枣、番枣、伊拉克枣，是枣椰树的果实。高可达35 m，茎具宿存的叶柄基部，上部叶斜升，下部叶下垂，形成稀疏的头状树冠。叶柄长而纤细、多扁平、线状披针形。密集的圆锥花序，雄花长圆形或卵形，具短柄，白色；花萼杯状，顶端具3钝齿，花瓣斜卵形，雄蕊花丝极短；雌花近球形，具短柄；花萼与雄花的相似。果实长圆形或长圆状椭圆形，似枣子，长3.5～7 cm，成熟时深橙黄色，果肉肥厚；种子1颗，扁平，两端锐尖，腹面具纵沟。花期3—4月，果期9—10月。

营养丰富，富含果糖。椰枣还含有多种维生素、蛋白质、矿质元素及其他营养成分，自古以来被人们视为很好的滋补营养食品。椰枣里面浸出的糖汁经过凝结可作为调料，常用于煮肉，甜而不腻。

产于中东、北非，以及我国的福建、广西、云南、广东等热带、亚热带地区。

3. 金椰 *Dictyosperma album*（Bory）Scheff.

金椰一般泛指泰国香水椰，成熟时果实变成黄色，含有大量的水分，有浓郁的牛奶香味，糖分含量高，营养极其丰富，果肉呈半透明状。金椰适合饮用和制作椰子汁等。

原产泰国，湄南河和曼谷湾交汇的平原是泰国香水椰最好的产区，比如丹嫩沙朵、夜功等。海南金椰子是近些年引进的优良品种，目前已经在海口、文昌、琼海与三亚等地试种成功。

十九、杨 柳 科
Salicaceae

刺篱木 *Flacourtia indica*（Burm. f.）Merr.

杨柳科刺篱木属落叶灌木或小乔木。树干较高，幼枝有腋生单刺。单叶互生，倒卵形，基部楔形。总状花序顶生或腋生，无花瓣。浆果球形至椭圆形。花期3—4月，果期5—7月。

果实味甜，可鲜食或做蜜饯、酿酒等。

原产我国广东、福建、海南及广西等地，在亚洲热带及非洲均有分布。为滨海地区优良的防护林树种和绿篱材料，多生于近海沙地灌丛中，喜光不耐阴，耐瘠，常见于海岸半固定或固定沙丘、红树林内缘、鱼塘及水沟边，且其易整形、耐修剪，春季叶色嫩绿，刺密度高、坚硬、锐利。木质坚硬，可制作农具、家具等。繁殖方式为播种繁殖。

二十、叶下珠科
Phyllanthaceae

1. 木奶果 *Baccaurea ramiflora* Lour.

叶下珠科木奶果属常绿乔木。树皮灰褐色，小枝被糙硬毛后脱落。叶纸质，倒卵状长圆形。雌雄异株，无花瓣，总状圆锥花序腋生或茎生，疏被柔毛。浆果卵状或近球状，黄色或紫红色，不裂。花期3—4月，果期6—10月。

果实味酸甜，成熟时可食，亦可酿酒，制果酱、果冻或果汁。

原产我国，分布于海南、广东等地，在越南等东南亚国家也有分布。喜温暖湿润的环境，喜光较耐阴，对土壤要求不严。树形美观，果实繁密，串串下垂于枝间，观赏性极佳，适合在公园和绿地栽培，木材还可作为家具和细木工材料。

2. 西印度醋栗 *Phyllanthus acidus*（L.）Skeel

叶下珠科叶下珠属常绿灌木或小乔木。树高2～5 m，叶全缘、互生，卵形或椭圆形。穗状花序，花红色或粉红色；果实外皮淡黄色，呈扁球形，有6～8个角，每颗果实有4～6个种子。

新鲜果实加工成冷饮料、果冻、醋、酱汁、糖浆、酸辣酱、泡菜和酒，也可作调味剂被添加到菜肴中。

原产马达加斯加。分布于我国台湾、海南。印度，以及东南亚、北非等地也有分布。生于热带及亚热带海拔900 m以下地区。喜全日照，喜湿润，喜疏松、排水良好的土壤，生长适宜温度22～30 ℃。一般采用播种、扦插及压条进行繁殖。果实繁密，可用于观赏，可于公园、绿地及庭院栽培。

 优稀果树种质资源

二十一、胡颓子科
Elaeagnaceae

羊奶果 *Elatagnus conteta* Roxb.

胡颓子科多年生常绿攀援灌木，学名为密花胡颓子。单叶互生，叶柄锈色，叶纸质或近革质，椭圆形。花褐色，外被褐色鳞片，常1~3朵簇生于叶腋，花被筒圆筒形，上部4裂，裂片宽三角形，内面密生星状短柔毛；花丝极短，花药椭圆形；花柱无毛与花被裂片平齐。果实长椭圆形，具锈色鳞片，果核具明显的八肋。花期10—11月，果期翌年3—4月。

成熟果实鲜红色至紫红色，可生食，甜酸适度、可口，水分充足，颜色鲜艳，可做果汁、罐头、蜜饯。

产于亚洲热带地区，越南、马来西亚、印度，以及我国云南、广西南部均有分布。一般采用播种或扦插繁殖，比较容易种植。

优稀果树种质资源

二十二、柿 科
Ebenaceae

1. 黑柿 *Diospyros nitida* Merr.

柿科柿属乔木，又称巧克力布丁果。雌雄异株，雄花通常为3～7朵，雌花通常为单生，白色，具有持久的绿色花萼。果实直径5～10 cm，皮不可食用，果肉在未成熟时呈白色，不可食用，成熟时通常具有与巧克力布丁相似的味道、颜色和质地；果实有1～10颗扁平、光滑、棕色的种子，长2～2.5 cm，或无籽。

果实除了生食外，也可通过添加蜂蜜、香草、奶油或橙汁来增强风味，果肉可用于制作馅饼馅料、慕斯、面包、冰淇淋的调味料。

原产墨西哥，属于热带及亚热带地区的水果，在菲律宾、墨西哥、澳大利亚和美国佛罗里达州开展了相关的选育种工作，选出了部分无籽品种。在我国华南地区有引种试种。

优稀果树种质资源

2. 法国柿 *Diospyros strigosa* Hemsl.

柿科柿属灌木或乔木，因果实表面被毛又称毛柿。高达8 m；树皮密布小而凸起的小皮孔，黑褐色；幼枝、嫩叶、叶下面、叶柄、花、果均被锈色粗伏毛；枝黑灰褐色或深褐色，有不规则的浅缝裂。叶革质或厚革质，长圆形、长圆状披针形或卵状披针形，基部稍心形，稀圆，上面深绿色，有光泽，下面被粗伏毛，淡绿色，中脉上面略凹下，下面明显凸起；叶柄短。花单个腋生，花梗短，花下有小苞片，先端近圆；苞片覆瓦状排列；萼深裂至基部，花萼裂片披针形；花冠高脚碟状，内面无毛，冠管顶端稍窄缩；雄花具雄蕊12枚；雌花子房有粗伏毛。果卵形，鲜时绿色，干后褐色或深褐色，成熟时黑色，顶端有小尖头，有种子1~4颗；种子卵形或近三棱形，干时黑色或黑褐色；宿存萼深裂，果几无柄。花期6—8月，果期冬季。

分布于我国海南、广东，喜光、喜温暖，也耐寒，喜湿润也耐干旱，对土壤要求不严。通过种子繁殖，为园林绿化树种。木材坚硬，可作为硬木家具等用材。

3. 法国香柿 *Diospyros decandra* Lour.

柿科柿属常绿乔木，也称法国水柿，因果实芳香浓郁而得名。果肉香甜，但带有一些涩味，尤其是在未完全成熟的情况下。果实圆球形，成熟果实为淡黄色，有浓郁的香味，据了解，多数人不太习惯这种特殊的芳香味，一旦适应就会迷上，像食用榴莲一样。

树形优美，叶色浓郁，果实累累，有芳香味，是法国从越南引种过来的，原产东南亚的越南、柬埔寨、老挝、泰国、缅甸。在泰国、柬埔寨等国有种植，我国的西双版纳也有少量栽培。

二十三、凤梨科
Bromeliaceae

红皮菠萝 *Ananas comosus*（L.）Merr.

凤梨科凤梨属陆生草本。茎部较短。叶多数，有莲座般的外观，形状为剑形，生于花序顶部的叶变小，常呈红色。花瓣长椭圆形，端尖，上部紫红色，下部白色。花期夏季至冬季。

　　果实香甜可口，富含维生素，除供制作食品罐头以外，还可以作菜肴，果汁可以制糖、酿酒或制醋，残渣可以作为肥料或家畜的饲料。叶片坚实耐久，农民称之为"波罗麻"，可用来织布，凉爽耐用，也可作为造纸的原料。据《台湾府志》记载："果生于叶丛中，果皮似菠萝蜜而色黄，液甜而酸，因尖端有绿叶似凤尾，故名凤梨。"

　　原产南美洲热带地区，18世纪初传遍欧洲各国。我国引种栽培菠萝植物已有300年悠久历史。喜阳，耐旱，喜高温、高湿的环境，夏季喜凉爽、通风，一般采用播种繁殖和无性繁殖。

优稀果树种质资源

二十四、芭蕉科
Musaceae

红皮香蕉 *Musa nana* Lour.

芭蕉科芭蕉属多年生草本，属AAA群体红绿香蕉品种，除叶面呈绿色外，假茎、叶脉和中脉均呈暗紫红色。梳数、果数少，果皮暗紫红色，后期带绿色条纹，果肉淡黄色，肉质软滑，有特殊的兰花香味，果实总糖含量为20%~21%。该品种易突变为绿蕉，生长期在15个月以上，抗病、抗寒力弱。

红皮香蕉于20世纪70年代从东南亚引入我国，主产地分布于广东、广西、福建、台湾等地。喜温暖、湿润的环境，喜光照，耐热，不耐寒，要求土层深厚、疏松肥沃、排水良好的微酸性土壤。

二十五、藤 黄 科
Guttiferae

1. 岭南山竹子 *Garcinia oblongifolia* Champ. ex Benth.

藤黄科藤黄属乔木或灌木。高5~15 m，胸径可达30 cm；树皮深灰色。叶片长圆形，近革质。单生或呈伞形聚伞花序。浆果卵球形或圆球形，长2~4 cm，基部萼片宿存，顶端承以隆起的柱头。花期4—5月，果期10—12月。

果可食，种子含油量60.7%，种仁含油量70%，可制作工业用油；木材可制家具和工艺品；树皮含单宁3%~8%，供提制栲胶。

分布于我国广东、广西，以及越南北部。生于平地、丘陵、沟谷密林或疏林中。

2. 多花山竹子 *Garcinia multiflora* Champ. ex Benth.

藤黄科藤黄属常绿乔木。叶片对生、革质，叶倒卵状长圆形，先端尖，基部楔形。圆锥或总状花序顶生，花橙黄色。浆果，具革质外果皮，果近球形，成熟时青黄色，顶端具宿存柱头。种子近卵形，黄褐色。花期4—5月，果期10—11月。

分布于我国江西、福建、台湾、广东、广西和云南等地。生于山地林中。

3. 阿恰恰山竹 *Garcinia humilis*（Vahl）C. D. Adams

也称为黄金山竹。浆果，呈卵形，长4~5 cm，表皮光滑而坚硬；可能有1~4颗种子。

果实未成熟时蓝绿色，成熟后变为黄橙色，完全成熟后又变为橙红色，表皮又厚又苦。开花后，子房在150~160天发育为成熟的果实。果实在树上不是很显眼，因为它们通常位于树冠内。成熟果实香气浓烈，果实味道是山竹、龙眼、红毛丹、荔枝的综合风味。

原产南美洲亚马孙盆地的玻利维亚等地。

4. 非洲曼密苹果 *Garcinia golaensis* Hutch. & Dalziel

别称非洲黄果藤树木。果实形态呈梨形或球形，果实颜色呈浅黄色至橙色，直径15～20 cm，果皮略呈革质，有许多小的褐色疣，含1～4个卵形种子，种子可食用。

生于非洲西部热带地区，该地为热带雨林气候，全年降雨丰富，温度高，无干旱期，无明显季节变化，适合非洲曼密苹果树的生长。在非洲西部热带地区、美洲热带地区等均有栽培。

5. 阿库蜜山竹 *Garcinia acuminata* Planch. & Triana

阿库蜜山竹是音译词。叶对生，椭圆形至长圆形，基部楔形，先端圆形或尖头，上面深绿色，下面较浅。花乳白色，单性，具有香味，单独或成束在幼枝上生长。果实黄色，看起来像一个下垂的柠檬；果肉白色、多汁，口感酸甜，果肉黏附在1～3颗种子上。

原产中美洲地区。阿库蜜山竹春季的果实比较大，全年可以不停地结果，特别适合阳台种植。幼果果皮是带刺的，越成长果皮越圆滑。

6. 墨西哥山竹 *Garcinia intermedia*（Pittier）Hammel

又称小柠檬山竹。叶对生，叶柄短厚，为革质，叶片为椭圆形、长圆形或椭圆状披针形，上下两面多叶脉，上面深绿色，下面浅绿色或带有一些褐色，幼叶呈红色。花朵较小，为淡绿色或象牙白色，密集地簇生在叶子下面；花瓣4，雄花有25～30枚雄蕊；雌花单生，在幼枝的顶芽处发育成单朵花或偶尔成簇（2～10朵花）。果实为椭圆形或长圆形，长2～3.2 cm，最大的果能达到10 cm，果皮光滑，呈橙色或黄色，果皮薄而柔软，很容易剥开。果肉有点榴莲或者榴莲蜜的味道，或甜或酸，含有1～2颗种子，白色果肉周围有一层薄薄的黄色、橙色或红色外皮。果皮也可食用，有一种诱人的酸甜味道。未成熟的果实是绿色的，成熟后变成黄色。

原产墨西哥南部和中美洲，可能分布于南美洲西北部，伯利兹、哥斯达黎加、厄瓜多尔、萨尔瓦多、墨西哥、巴拿马等许多国家都有小规模种植，需要生长在潮湿的热带环境中。在亚洲和非洲，这种树偶尔被作为观赏树或果树种植。比较耐寒，最低能承受-3 ℃的低温，是一种很有吸引力的观赏树，一年四季可以挂果。

二十六、樟 科
Lauraceae

油梨 *Persea americana* Mill.

樟科鳄梨属常绿乔木，又称鳄梨。株高达10 m，树皮灰绿色，呈长椭圆形、卵形或倒卵形。幼叶覆盖有黄褐色柔毛，上疏下密，老时上面无毛下面有稀疏柔毛。花序长8～14 cm，花序梗覆盖有黄褐色柔毛。果黄绿色或红褐色，呈梨形或球形，外果皮木栓质，中果皮肉质。花期2—3月，果期8—9月。

鳄梨的外果皮凹凸不平，非常粗糙，像鳄鱼的表皮，由此而得名。

原产哥伦比亚、厄瓜多尔至墨西哥南部一带，现主要分布于南纬30°至北纬30°的热带、亚热带地区，在我国云南、广东、广西、台湾等地均有栽培。喜光，幼树较耐阴，喜温暖至高温、多湿，耐干旱。繁殖方式主要是播种繁殖。果仁含油量较高，乳化后可长久保存，除食用外，还可作为高级化妆品、机械润滑油和医药上的润肤用油及软膏的原料。

二十七、番木瓜科
Caricaceae

黄金木瓜 *Carica papaya* L.

番木瓜科番木瓜属常绿软木质小乔木。高达10 m，具有乳汁；茎不分枝或有时于损伤处分枝。叶大且聚生于茎顶，近似盾形，叶柄中空。花单性或两性。浆果肉质，成熟时为橙黄色或黄色，果肉柔软多汁，气味香甜；种子呈卵球形，成熟时为黑色。花果期全年。

原产美洲热带地区。自明清时期传入我国，在我国南方热带城市多有种植，现广植于世界热带和较温暖的亚热带地区。喜高温，不耐寒，需水量大，但不耐涝，因此其果园须具备较高的积温、良好的排灌能力、较好的土壤疏水性等条件。泰国黄金木瓜品种苗木黄绿相间的掌形叶片，颇具观赏性，且果实口感清甜。

二十八、山龙眼科
Proteaceae

澳洲坚果 *Macadamia integrifolia* Maiden & Betche

山龙眼科澳洲坚果属常绿乔木，又称昆士兰栗、澳洲胡桃、夏威夷果、昆士兰果，是一种原产澳大利亚的树生坚果。树冠高大，叶3~4片轮生，披针形、革质，光滑，边缘有刺状锯齿。总状花序腋生，花米黄色。果圆球形，果皮革质，内果皮坚硬，种仁米黄色至浅棕色。

原产澳大利亚东部亚热带地区，在19世纪中叶之前，澳大利亚原住民便采食澳洲坚果；1857年，植物学家冯·穆勒和W·希尔在澳大利亚昆士兰州发现此物种，并建立澳洲坚果属。主要分布区域为澳大利亚东部、新喀里多尼亚、印度尼西亚苏拉威西岛。在我国，最早在1910年由台北植物园引入澳洲坚果作为标本；之后在1931—1958年，台湾嘉义农业试验站多次引种并进行推广，但是引入的树种多为实生苗，难以进行商品化种植；20世纪后期，中国热带农业科学院南亚热带作物研究所、广西壮族自治区亚热带作物研究所、云南省热带作物科学研究所、凉山州亚热带作物研究所及四川省农业科学院园艺研究所也纷纷引种并进行试种，颇有成效。适合生长在温和、湿润、风力小的地区。

二十九、五味子科
Schisandraceae

黑老虎 *Kadsura coccinea* (Lem.) A. C. Smith

五味子科冷饭藤属常绿木质藤本。叶革质，长圆形或卵状披针形，基部宽楔形或近圆形。花雌雄异株，花被片红色，雄花花托长圆锥形，雌花花托近球形，花柱短。果近球形，红色或暗紫色，外果皮革质。花期4—7月，果期7—11月。

主要分布于我国福建、江西、湖南、香港等地。越南也有分布。喜温暖湿润气候，耐阴，耐寒。一般为扦插繁殖。果实奇特，营养价值高，具有一定的食用价值；同时也是园林景观垂直绿化植物，具有较好开发价值。

三十、橄 榄 科
Burseraceae

乌榄 *Canarium pimela* K. D. Koenig

橄榄科橄榄属乔木。高达20 m，胸径达45 cm，小枝干时紫褐色，髓部周围及中央有柱状维管束。无托叶，小叶无毛。花序无毛，花几无毛，花瓣在雌花中长约8 mm。果序有果1~4个；果具长柄，果萼成熟时紫黑色；外果皮较薄，干时有细皱纹；果核横切面近圆形，平滑或在中间有一不明显的肋凸，种子1~2颗。花期4—5月，果期5—11月。

据《开宝本草》《齐民要术》《本草图经》等典籍记载，乌榄栽培历史已有2 000多年。主要优良品种有油榄、西山榄、三方榄、车心榄、秧地头榄、早榄等。乌榄树冠宽大，粗生茁壮，树形优美，可作绿化树种。果可生食，果肉腌制成"榄角"（或称"榄豉"）做菜，榄仁为饼食及菜肴配料佳品；种子油供食用、制肥皂或作其他工业用油。木材灰黄褐色，材质颇坚实，用途与橄榄相同。

三十一、鼠李科
Rhamnaceae

1. 毛叶枣 *Ziziphus mauritiana* Lam.

鼠李科枣属常绿乔木或灌木,又称滇刺枣。高达15 m;幼枝被黄灰色密茸毛,小枝被短柔毛,老枝紫红色。叶纸质至厚纸质,卵形、矩圆状椭圆形,稀近圆形。花绿黄色,两性,5基数,数个或10余个密集成近无总花梗或具短总花梗的腋生二歧聚伞花序。核果矩圆形或球形,橙色或红色,成熟时变黑色,基部有宿存的萼筒;被短柔毛;种子宽而扁,红褐色,有光泽。花期8—11月,果期9—12月。

优稀果树种质资源

主要分布于斯里兰卡、印度、阿富汗、越南、缅甸、马来西亚、印度尼西亚、澳大利亚,以及非洲。在我国主要分布于云南、四川、广东、广西,福建和台湾也有引种栽培。生于海拔1 800 m以下的山坡、丘陵、河边湿润林中或灌丛中。木材坚硬,纹理致密,适合用于制作家具和作为工业用材。

2. 拐枣 *Hovenia acerba* Lindl.

鼠李科枳椇属高大乔木。高10~25 m，小枝褐色或黑紫色。叶互生，厚纸质至纸质，宽卵形、椭圆状卵形或心形。聚伞圆锥花序，顶生和腋生，花两性，萼片具网状脉或纵条纹，花瓣椭圆状匙形。浆果状核果近球形，成熟时黄褐色或棕褐色，种子暗褐色或黑紫色。花期5—7月，果期8—10月。

主要分布于我国甘肃、陕西、河南、安徽、江苏、浙江、江西、福建、广东、广西、湖南、湖北、四川、云南、贵州。印度、尼泊尔、不丹和缅甸北部也有分布。生于海拔2 100 m以下的开旷地、山坡林缘或疏林中；庭院宅旁常有栽培。木材细致坚硬，为建筑和制作细木工用具的良好用材。

三十二、杨梅科
Myricaceae

杨梅 *Morella rubra* Lour.

杨梅科杨梅属常绿乔木，又名龙晴、朱红，因其形似水杨子，味道似梅子，故取名杨梅。树冠整齐呈球形；枝脆易折。叶革质，互生，呈披针形或长倒卵形。雌雄异株或偶有同株；雌花序为柔荑花序，为鲜红色的丝状。果实是核果球形，外表面有乳头状突起；果色有红色、紫色、白色、粉红色等。花期4月，果期6—7月。

杨梅有"果中玛瑙"的美誉，是我国南方的水果；含有丰富的养分，除供鲜食之外，还可加工成果酱、罐头等，是食品和酿造工业的重要原料。

原产浙江宁波三七市镇，已有2 000多年栽培历史，在我国华东地区，以及湖南、广东、广西等地都有种植。日本、朝鲜和菲律宾也有分布。喜温，耐寒，不耐酷热，喜湿，耐阴，生长在海拔125～1 500 m的山坡或山谷林中，喜土层深厚、土质松软、富含石砾的酸性土壤。繁殖方式包括扦插繁殖、嫁接繁殖及播种繁殖。杨梅树终年常绿，是园林绿化的优势树种，并且树根固氮能力强，具有良好的生态效益。

三十二、杨梅科

三十三、蔷薇科
Rosaceae

1. 枇杷 *Eriobotrya japonica*（Thunb.）Lindl.

蔷薇科苹果亚科枇杷属常绿乔木。小枝粗壮，有锈色或灰棕色的茸毛。叶片呈倒披针形，叶柄有灰棕色茸毛。圆锥花序顶生，花萼筒呈浅杯状。果实呈球形或长圆形。花期10—12月，果期5—6月。

原产我国四川、湖北一带，现分布于长江流域以南，多在低山丘陵及平原地区栽培。适宜温暖湿润的气候，在生长发育过程中要求较高温度，较耐盐碱，喜排水良好、富腐殖质的中性或酸性土壤。繁殖方式包括播种繁殖、扦插繁殖及嫁接繁殖。早在西汉时期中国就开始栽培枇杷，到唐代已极为普遍，白居易有诗"淮山侧畔楚江明，五月枇杷正满林"，也是从唐宋时期开始，枇杷就被看作高贵、美好、吉祥、繁荣的象征。

2. 热带毛桃 *Amygdalus persica* L.

蔷薇科桃属落叶小乔木。树高3~8 m；树冠宽广而平展；树皮暗红褐色，老时粗糙呈鳞片状；小枝细长，无毛，有光泽，绿色，向阳处转变成红色；冬芽圆锥形，顶端钝，外被短柔毛，常2~3个簇生，中间为叶芽，两侧为花芽。叶片长圆状披针形、椭圆状披针形或倒卵状披针形，先端渐尖，基部宽楔形，上面无毛，下面在脉腋间具少数短柔毛或无毛，叶边具细锯齿或粗锯齿。花单生，花瓣长圆状椭圆形至宽倒卵形，粉红色；雄蕊20~30，花药绯红色；花柱几与雄蕊等长或稍短，子房被短柔毛。

花可以观赏；果实多汁，可以生食或制桃脯、罐头等；核仁也可以食用。

主要分布于我国华北、华东和华中地区，但华南地区也分布了少量适合热带、亚热带气候条件生长的桃树，如广东鹰嘴桃、台湾水蜜桃系列等品种，在海南也有一种毛桃适合生长。

3. 黄锁梅 *Rubus ellipticus* Smith var. *obcordatus* Focke

蔷薇科悬钩子属披散状小灌木。茎枝、叶柄和中脉均被红棕色茸毛及倒钩刺。三出复叶互生，具柄，倒心形或倒卵形，边缘有细锐锯齿。春季顶生及腋生聚伞状圆锥花序，花梗被毛；花萼5裂，外面密被短茸毛；花瓣5，花冠白色或带红晕。聚合果球形，黄色，酸甜多汁，每个小果泡内都有1颗小核，口味独特，是春夏之交很受欢迎的野果。

4. 黑锁梅 *Rubus niveus* Thunb.

蔷薇科悬钩子属灌木，又名灰毛果莓、钩撕刺、白枝泡。高1～2.5 m；枝常紫红色，被白粉，疏生钩状皮刺，小枝带紫色或绿色，幼时被茸毛状毛。小叶常7～9枚，稀5或11枚，椭圆形、卵状椭圆形或菱状椭圆形，顶生小叶卵形或椭圆形，仅稍长于侧生者，顶端急尖，顶生小叶有时渐尖，基部楔形或圆形；上面无毛或仅沿叶脉有柔毛，下面被灰白色茸毛，边缘常具不整齐粗锐锯齿，稀具稍钝锯齿，顶生小叶有时具3裂片。伞房花序或短圆锥状花序，顶生或腋生；总花梗和花梗被茸毛状柔毛；苞片披针形或线形，有柔毛；花萼外面密被茸毛；萼片三角状卵形或三角状披针形，顶端急尖或突尖；花瓣近圆形，红色，基部有短爪，短于萼片；雄蕊几与花柱等长，花丝基部稍宽；雌蕊55～70，花柱紫红色，子房和花柱基部密被灰白色茸毛。果实半球形，成熟时由深红色转为黑色，密被灰白色茸毛；核有浅皱纹。花期5—7月，果期7—9月。

三十四、梧 桐 科
Sterculiaceae

苹婆 *Sterculia monosperma* Vent.

梧桐科苹婆属乔木，俗称凤眼果。树皮褐黑色，小枝幼时略有星状毛。叶薄革质，矩圆形或椭圆形，顶端急尖或钝，基部浑圆或钝，两面均无毛。圆锥形花序顶生或腋生，柔弱且披散，有短柔毛；花梗远比花长；萼初时乳白色，后转为淡红色，钟状，外面有短柔毛，裂片条状披针形，先端渐尖且向内曲，在顶端互相黏合，与钟状萼筒等长。果鲜红色，厚革质，矩圆状卵形，顶端有喙，每果内有种子1～4颗；种子椭圆形或矩圆形，黑褐色。花期4—5月。

生于我国云南、广西、广东、福建、台湾。印度及东南亚也有分布。耐阴，采用扦插、播种方式繁殖。种子富含淀粉质，直接放在饭面上蒸熟即可食用，会有一种近似板栗的甜糯味道。

三十五、锦 葵 科
Malvaceae

1. 椰柿 *Quaribea cordata*（Humb. & Bonpl.）García–Barr. & J. Hernandez

锦葵科木棉亚科植物，又名椰蜜果。由于果实的质感像椰子又形似柿子而得名。果实橙黄色，柔软，多汁，甜美，含有2~5颗种子。成熟的果肉黄褐色黏浆状，水分多，口味甜，味道有点类似南瓜。种皮纤维状，像极了小芒果的种子。

原产南美洲，巴西、哥伦比亚、厄瓜多尔和秘鲁的亚马孙雨林植被中常见。我国华南地区有引种试种。

三十五、锦葵科

137

2. 可可 *Theobroma cacao* L.

锦葵科可可属常绿乔木。树冠繁茂，树皮厚，暗灰褐色；嫩枝褐色，被短柔毛。花瓣5，淡黄色，稍长于花萼。核果椭圆形或长椭圆形，初为淡绿色，后变为深黄色或近于红色，干燥后为褐色；果皮厚，肉质，干燥后硬如木质。花期几乎全年。

可可是一种重要的经济作物，为世界三大饮料植物之一。种子含油量较高，且含有多种有机酸、维生素、微量元素、多酚、可可碱及多种芳香物质，经过发酵、焙炒后，种子可做饮料和巧克力糖，营养丰富，味醇且香，具有兴奋和滋补作用。

原产美洲热带地区，16世纪以后传入亚洲和非洲。在我国主要分布于台湾、广东、海南和云南南部等地区。喜生于温暖和湿润的气候及富含有机质的冲积土所形成的缓坡上，在排水不良或常受台风侵袭的地方则不适宜生长。

三十五、锦葵科

3. 白可可 *Theobroma biocolor* Bonpl.

锦葵科可可属热带常绿乔木，又称榴莲可可、双色可可、美洲虎树。叶子大而有光泽，长圆形，尖端尖。花小，白色，直接生长在树干和较老的树枝上。椭圆形果实长15～20 cm，直径10～11 cm，最长可达30 cm，包含许多种子，周围环绕着甜美的可食用果肉。

果实可以用来制作甜点和清凉饮料。种子可以煮熟，也可以与其他食物一起烘烤或烹饪。可可属物种的种子通常含油、淀粉、蛋白质、挥发油，以及刺激性生物碱咖啡因和可可碱，但该物种的种子仅含有少量可可碱，却含有丰富可可脂。

原产中美洲和南美洲。

10 cm

4. 古布阿苏 *Theobroma grandiflorum*（Willd. ex Spreng.）K. Schum.

锦葵科可可属中小型乔木，株高8～18 m。嫩叶呈红紫色，随着不断生长，叶片伸展逐渐转为绿色，它的外形与枇杷树叶相似。果实通常在雨季成熟，成熟的果实呈黄褐色，形状为椭圆形，重1～2 kg，外种皮厚4～7 mm。树的形态近似可可树，叶互生，其果实在可可属物种中是最大的，果肉为白色乳状物，气味芳香并带酸甜的味道。

古布阿苏外表像长形奇异果，内里像香蕉。这种热带雨林水果，气味混合了巧克力和菠萝的味道，口味像梨和香蕉的结合体，口感绵密，非常奇特。数个世纪以来，古布阿苏是南美洲当地居民的食物之一，在哥伦比亚、玻利维亚、秘鲁和巴西北部的丛林里也有分布。因其珍贵及独特的营养价值、经济价值，被称为"上帝之果"，2008年被定为"巴西国果"。

5. 猴面包树 *Adansonia digitata* L.

锦葵科猴面包树属落叶乔木。树干粗壮，高不过20 m，胸径为15 m以上，其木质非常疏松，利于储水。叶片是由3～7个小叶组成的掌状复叶。花单生在花柄尖端，花冠有5枚薄肉质白色花瓣。果为长椭圆形。花期5—8月。

果实成熟后的干燥果肉质地很像面包，猴子成群结队而来，爬上树去摘果子吃，"猴面包树"的称呼由此而来。果肉多汁且含有氨基酸和胶质，吃起来略带酸味，既可生吃，又可制成清凉饮料和调味品，种子榨出的油为上等食用油。树皮可以制作绳子和乐器的弦，也可作造纸原料或粗布。当地居民常把树干掏空，可形成一种别致的自然"房舍"，也可作为储藏室，且贮存的食物长时间不腐烂。

原产非洲热带地区。在我国福建、广东、云南等地区有少量栽培。扦插或播种繁殖。在雨季，猴面包树大量吸收水分并贮藏在树干，干旱时形成水源，曾为很多在热带草原上行走的人们提供了救命之水，因此又称"生命之树""救命之树"。

优稀果树种质资源

6. 猴子可可 *Theobroma angustifolium* DC.

锦葵科可可属乔木。株高达25 m；该物种被用作生产巧克力的替代物种，有时被称为白可可。花朵黄色，果实细长，被棕色的毛发覆盖，果肉甜美，可以被哺乳动物食用，包裹种子的果肉多汁而芳香，可以用来制作清凉饮料。

分布于中美洲，在哥斯达黎加生长在海拔0～700 m的地区。

三十六、楝 科
Meliaceae

1. 龙贡果 *Lansium domesticum* Corrêa

常绿小乔木或灌木，又称椰色果，是一种热带水果。羽状复叶，小叶全缘。花小，近球形；杂性异株；雄花序圆锥状，雌花序总状或穗状，腋生。肉质浆果。

龙贡果是盛产于东南亚地区的一种优良水果，外形像龙眼，但仔细看果实比龙眼大，外皮薄，橙黄色。剥开后内部色泽与龙眼、荔枝类似，但和山竹一样分成几瓣，果肉细嫩多汁，味道鲜美，兼具葡萄和山竹的味道。果含有丰富的糖分、碳水化合物、蛋白质、钙、磷、铁等，此外还含有硫胺素、核黄素和烟酸，维生素C的含量也特别高。

原产泰国、马来西亚和印度尼西亚。目前，在我国华南地区有引种试种。

优稀果树种质资源

2. 仙都果 *Sandoricum koetjape*（Burm. f.）Merr.

楝科仙都果属落叶乔木，又名山陀儿。树皮灰褐色，生长快，高度可达15 m，幼枝密生褐色茸毛。叶互生，三出复叶，具长柄，小叶卵状椭圆形，厚膜质，老叶变红在树上可持续很久才脱落。花黄白色，花瓣5，圆锥花序，腋生。浆果球形或扁球形，有毛，果实成熟时淡棕色或金黄色，果肉白色。花期春、夏季。

楝科植物果实一般较小且味苦难以食用，但仙都果果实却大而味甜可食，除去果皮后，一股淡淡的清香味特别诱人。果肉可做成果酱、果冻、干果、饮料，亦可用于提取香料；树皮纤维用于制作鱼线。

原产东南亚及印度。中国科学院西双版纳热带植物园2002年从泰国引种。果实成熟时，硕大的金黄色果实十分醒目，树干笔直、树形整齐，有较大的冠幅，叶红果熟季节景观十分壮观优雅，非常适合作为庭院景观树或行道树。

三十七、仙人掌科
Cactaceae

麒麟果 *Hylocereus megalanthus*（K. Schum. ex Vaupel）Ralf Bauer

　　麒麟果的外皮通常为黄色，形状类似球体，麒麟果的大小可能略小于火龙果，果肉呈白色，内部带有黑色小籽。

　　麒麟果的口感较为甜美，并伴有微酸，给人一种清爽的感觉；麒麟果的甜度值高于火龙果。果含有丰富的维生素C和维生素E，有助于抗氧化和排毒。

　　主产于南美洲和东南亚地区，价格相对较高。麒麟果在一些文化中被视为圣果，常种植于金字塔附近。

三十八、茜草科
Rubiaceae

1. 黑桃果 *Sarcocephalus latifolius*（Sm.）E. A. Bruce

蔓延、常绿多茎的落叶灌木或小乔木，别名非洲桃、塞拉利昂桃、乡村无花果、宽叶乌檀。树皮呈现深灰色，纤维状，有裂纹。叶子呈现闪亮的绿色，叶片椭圆形，叶脉明显。花序奇特，呈球状，有强烈的芳香味。果形圆，红色或粉红色，果实通常是肉质，浅间距，有很多嵌入的种子，周围环绕着粉红色可食用的甜酸果肉。

叶子可以烹饪并作为蔬菜食用；果肉深红色，多汁，有甜苹果味。

原产非洲西部热带地区。分布于加纳、加蓬和刚果民主共和国。

2. 诺丽果 *Morinda citrifolia* L.

茜草科巴戟天属灌木至小乔木。高1～5 m；茎直，枝近四棱柱形。叶交互对生，长圆形、椭圆形或卵圆形，两端渐尖或急尖，通常具光泽，无毛，全缘；叶脉两面凸起，中脉上面中央具一凹槽，下面脉腋密被短束毛；托叶生于叶柄间，每侧1枚，上部扩大呈半圆形，全缘，无毛。头状花序每隔一节一个，与叶对生，花多数，无梗；萼管彼此间多少黏合，萼檐近截平；花冠白色，漏斗形，喉部密被长柔毛，顶部5裂，裂片卵状披针形；雄蕊着生于花冠喉部，花药内向，花柱约与冠管等长，每室具胚珠1颗，胚珠略扁，其形状随着生部位不同而各异，通常圆形、长圆形或椭圆形。聚花核果浆果状，卵形，幼时绿色，熟时白色，约如初生鸡蛋大，子叶长圆形；胚乳丰富，质脆。花果期全年。

原产我国台湾、海南岛，以及西沙群岛等地。生于海滨平地或疏林下。分布自印度和斯里兰卡，经中南半岛，南至澳大利亚北部，东至波利尼西亚等广大地区及其海岛。

  优稀果树种质资源

三十九、猕猴桃科
Actinidiaceae

1. 美丽猕猴桃 *Actinidia melliana* Hand.–Mazz.

猕猴桃科猕猴桃属中型半常绿藤本。当年枝和隔年枝有锈色长硬毛，皮孔都很显著。叶膜质至坚纸质，隔年叶革质，长方椭圆形、长方披针形或长方倒卵形，顶端短渐尖至渐尖，基部浅心形至耳状浅心形，两面的中脉和侧脉，有时扩张到腹面的横脉，被有稀疏的长硬毛，或腹面较普遍地被长硬毛，背面密被糙伏毛，背面粉绿色，边缘具硬尖小齿，上部（边缘）常向背面反卷，侧脉较稀疏，叶干燥后与中脉都呈瘪扁状，网状小脉不发达，被锈色长硬毛。聚伞花序腋生，二回分歧，花多可达10朵，被锈色长硬毛；花白色；萼片5，背面薄被茸毛；花瓣5，倒卵形，花药黄色；子房近球形，密被茶褐色茸毛。果成熟时无毛，圆柱形，长16～22 mm，直径11～15 mm，有显著的疣状斑点，宿存萼片反折。花期5—6月。

分布于我国广西和广东，南可到海南岛，北可到湖南、江西。生于海拔200～800 m的山地树丛中。

优稀果树种质资源

2. 硬齿猕猴桃 *Actinidia callosa* Lindl.

猕猴桃科猕猴桃属大型落叶藤本。着花小枝长5~15 cm，小枝被茸毛，个别有极少量硬毛，皮孔相当显著，髓心淡褐色；片层状或实心，芽体被锈色茸毛；隔年枝灰褐色，干时有皱纹状纵棱，皮孔开裂或不开裂，髓片层状。叶卵形或长圆状卵形，两侧不对称，边缘有芒刺状小齿或普通斜锯齿乃至粗大的重锯齿，齿尖通常硬化，腹面深绿色，完全无毛，仅个别变种有少量小糙伏毛，背面绿色，完全无毛或仅侧脉叶上有髯毛，叶脉较明显，在上面凹下；在背面隆起呈圆线形，横脉不甚显著，网状小脉不易见；叶柄水红色，洁净无毛，仅个别变种有少数硬毛。花序有花1~3朵，通常单生，均无毛或有毛；花白色；萼片5，卵形，两面密被茸毛，或内面被短茸毛，外面洁净无毛；花瓣5，倒卵形，花药黄色，卵形箭头状；子房近球形，被灰白色茸毛，花柱比子房稍长。果墨绿色，近球形或卵圆形，有显著淡褐色圆形斑点，具宿存萼片。

分布于我国陕西、甘肃、河南、安徽、浙江、台湾、福建等地。印度、不丹均有栽培。生于海拔400~2 600 m的山谷溪边或山坡林、林缘、灌丛中。繁殖方式一般为分株繁殖。

四十、夹竹桃科

Apocynaceae

1. 大花假虎刺 *Carissa macrocarpa*（Eckl.）A. DC.

　　夹竹桃科假虎刺属直立灌木。枝近无毛；刺两叉状。叶革质，广卵形，顶端具急尖而有小尖头，基部浑圆或钝，无毛；叶背中脉凸起，侧脉扁平而不明显，无毛。聚伞花序顶生，花冠高脚碟状，白色，芳香；花萼短，裂片披针形，无毛，内面基部具腺体；花冠裂片长圆形，向左覆盖，外面无毛，内面密被柔毛；雄蕊5，着生于花冠筒中部略上；子房全缘，每室有胚珠10颗，花柱长圆柱状，柱头比雄蕊高，顶端被毛。浆果卵圆形至椭圆形，亮红色；种子圆形，红色。花期8月。

　　原产非洲南部，我国引进栽培于广东，热带和亚热带地区也有栽培。喜温暖、湿润的气候环境，喜充足的光照条件，也较耐阴，对土壤要求不严，以排水良好的壤土或沙质土壤为宜。可采用播种、扦插或高空压条进行繁殖。大花假虎刺是优良的观花观果树种，多用于庭院、公园、小区等处栽培观赏，也适合盆栽装饰阳台、窗台等处。

2. 假虎刺 *Carissa spinarum* L.

夹竹桃科假虎刺属灌木。植株具长而尖锐的刺，刺单独或上端分叉；枝条被柔毛。叶革质，卵圆形至椭圆形。花数朵组成聚伞花序，花序顶生或腋生，花小，白色，花冠高脚碟状，裂片向右覆盖，无缘毛，花冠筒圆筒形，内面密被柔毛。浆果球形或椭圆形，成熟时紫黑色；种子盾形而具皱纹。花期3—5月，果期10—12月。

原产非洲，在中国分布于云南和贵州等，印度、斯里兰卡、缅甸也有分布，喜生于海拔500~2 600 m的河岸灌丛和干旱区林地。果实可食；植株可作观赏植物，也可保护土壤；其用作绿篱，好看而且不宜穿越。

四十一、红厚壳科
Calophyllaceae

马米杏 *Mammea americana* L.

又称马米苹果。叶对生，革质，具腺状点。花白色、单生或簇生于叶腋。果实呈黄色或赤褐色，苦涩的果皮包裹着甜美芳香的果肉，带有1~4颗粗糙种子。

人们根据果肉颜色不同，分别以"Yellow Mamey"和"Red Mamey"来区分。马米杏的果肉金黄厚实，有杏和桃的复合味道，除了鲜食，还常加工成蜜饯，便于储存和运输。从花朵中蒸馏出的芳香可以酿酒。

原产西印度群岛和美洲热带地区。

四十二、葫芦科
Cucurbitaceae

非洲杨桃瓜 *Telfairia occidentalis* Hook. f.

葫芦科牡蛎瓜属大型多年生藤本，又称巨型凹槽南瓜或凹槽南瓜。坚果大而扁平，直径为5 cm，在风味强度上可与杏仁相媲美，味道介于澳洲坚果和核桃之间，但没有后者的苦味。以树木为支撑，迅速长到15 m高，结大而淡蓝色的凹槽果实。雌雄异株。果实在开花后4～6个月内成熟，成熟的果实逐渐裂开，露出令人敬畏的种子。

原产非洲热带地区，在那里被广泛种植为叶菜。奇怪的是，它在其原生范围之外几乎不为人所知。可以在美国的热带和暖温带气候中种植。在我国华南地区也有引种试种。